財團法人大肚山產業創新基金會——策畫

科技特派員

林佳龍與十二位企業CEO的關鍵對話，前瞻台灣產業新未來

【推薦序】

共創永續發展，邁向國際

總統　蔡英文

過去兩年來，疫情改變了我們的經濟模式，也改變了我們的生活方式。

在這一波全球經濟秩序快速變動的過程中，台灣靠著高科技技術、有效率的生產體系，以及專業的技術人才，化危機為轉機，在各個領域的發展，都有亮眼的表現。

其中，敢衝敢拚的中小企業，更是台灣經濟發展的重要支柱。他們透過技術創新、數位經濟轉型，讓台灣在激烈的國際競爭中脫穎而出。

過去我多次在與中小企業領袖的會面場合，聽他們分享企業轉型經驗，如何撐過低潮的挫折期，才能迎來難得的成功機會，也有好幾位企業領袖，經過多年的努力，好不容易獲得市場機會，卻馬上要面對複雜的國際情勢與快速變化的消費偏好。

中小企業的挑戰和創新，不只攸關個別企業的發展，也影響台灣整體的經濟發展，這個過程相當辛苦，也非常重要。很高興看到佳龍把這些寶貴經驗記錄下來，集結成書。

佳龍不只從學者的角度，與十二位企業領袖對談，剖析全球產業脈動，以及人類生活的新興趨勢，也從政府治理的角度，和企業領袖共同思考，在全球綠能潮流之下，政府的願景藍圖和企業的社會責任，如何相輔相成，共同創造出「以人為本」的永續發展路徑，也讓台灣邁向國際這條路，走得更遠、更寬廣。

此外，書中呈現的台灣二十六家中堅企業發展故事，可以做為國內中小企業轉型與新創事業的典範，相信透過經驗的分享，能為台灣打造更好的企業網絡，建構起更完整的護國群山。

台灣產業要布局全球，需要各界的共同努力，也期待未來，我們一起寫下更多精采的發展故事，用科技和創新，建立強韌的產業供應鏈。我們要在國際上，一起擦亮台灣這塊招牌，也要留給下一個世代，一個更永續美好的台灣。

【推薦序】

以前瞻思維開創台灣新未來

宏碁集團創辦人／智榮基金會董事長　施振榮

本書《科技特派員》係由財團法人大肚山產創基金會、台數科集團及電子時報等共同發起，過去這段期間，持續推動中部重點企業聚在一起交流，除了與十二家大企業對話探索科技大未來之外，加上中部中堅企業現身說法，大家對於推動產業未來發展都有很強的企圖心，在現有基礎上，探討如何掌握未來，以提升台灣整體競爭力及國際影響力。

其中本書的重要推手之一是前交通部長及前台中市長林佳龍，也是台灣智庫的共同創辦人，他放下政治思維，以產業及經濟永續發展的新思維來探討問題，尤其是思索如何在產業現有的基礎及核心能力之下，凝聚共識，建立未來發展需要的新核心能力。

面對未來，要推動台灣產業轉型升級，很關鍵的就是要有前瞻的思維，同時積極推動跨域整合。我在一九九二年提出「微笑曲線」，當面對新經濟的發展，並在二〇一七年提出「新微笑曲線」，要在新經濟時代創造更高的附加價值，就需要有多維的思考。

不同產業領域都有各自的「微笑曲線」可以詮釋其附加價值所在，而「新微笑曲線」強調的是藉由跨領域整合，才能在新經濟中創造新的體驗並共享資源，如此才能創造新價值，這也是台灣未來轉型升級提升附加價值的關鍵所在。

此外，面對未來，台灣產業發展也要有新的策略思維，我們應從過去「由左想右」（技術導向）、轉為「以右引左」（市場需求導向），藉由「以內需帶動外銷」的策略，找到可以國際化的應用方案，先在國內市場練兵，以國內市場的需求，讓台灣業界有將創新落實的舞台，做出世界最領先的解決方案並培養人才。政府應善用有限的國防、教育、交通、衛福等內需市場，打造成為廠商的練兵場，來扶植現有產業升級轉型，提供合理條件促進良性的產業發展環境。在台灣練兵後，再進一步以國際為市場，結合各行各業共組「虛擬夢幻國家隊」打國際盃，並與當地合作夥伴攜手合作，攜手共創價值。

尤其過去台灣在製造領域有許多隱形冠軍，只要面對少數的企業客戶，做好技術研發及品質、成本控管，就可以在外銷市場上無往不利，並不需要直接面對市場終端的消費者，因此也較不了解市場的真正需求所在。

但面對未來，台灣經濟轉型發展有很大的機會，就在服務業的國際化。相對於台灣過去產業發展以製造業的外銷為主力，我認為，服務業未來的發展將有「千倍的機會」，當然相對也有「百倍的挑戰」等待我們去克服。且台灣產業的發展模式過去主要以B2B製造代工為主，後來也為客戶技術研發代工（ODM），下一步產業轉型升級的方向，應由面對「客戶」需求走向面對「用戶」需求，長期要建立掌握「用戶」價值主張的能力，才能進一步創造價值，提升產業的利潤空間。

最後，以我在產業界多年的觀察經驗，面對未來的挑戰，台灣未來的新願景就是要借重過去在資通訊產業累積的基礎，成為世界的「創新矽島」（Si-nnovation），並打造台灣成為東方矽文明（Si-vilization）的發祥地，做為未來發展方向。

過去台灣推動3C硬體的普及化，在物質文明已對全世界有具體的貢獻，但未來如何在這些硬體載具之上，注入東方的文化元素，在精神文明方面也對全人類做出更多貢獻。

當然，要推動台灣產業轉型升級，除了來自民間力量的努力外，政府也要扮演政策引導的重要角色，提供產業界助力，創造國內內需市場的需求，以加速推動產業轉型升級。

本書不談政治，只談產業未來。期待未來在產業界、媒體、民間基金會及智庫等單位攜手努力下，共同開創台灣的新未來。

【推薦序】

「傾聽」、「高瞻」，再造新局

聯華電子榮譽副董事長　宣明智

「傾聽」與「高瞻」是領航者必須擁有的態度與能力，在佳龍身上，我們看見這兩大特質。

佳龍於二〇一九年就任交通部長，即親自前往交通大學參加校慶活動，明智當場提出倡議，希冀成立交通科技產業會報。蒙佳龍部長認可採納，並立即推動。明智有幸參加，與眾多產業先進、科技專家、政府官員密集會議意見匯流，發現佳龍部長時時刻刻用心傾聽，真誠認真驅動。讓我不禁憶及六〇年代台灣半導體起始之初，當時孫運璿、李國鼎及方賢其，傾聽潘文淵之提議，馬上作下重大決策，全力推動。當時年方三十的胡定華毛遂自薦，並獲得信任重用。我認為他們幾位官員未必瞭解半導體，亦無做詳細評估，但靠著高瞻遠矚的眼光與對人的信任，成就了今日台灣半導體的傲世成就。

這兩年在交通科技產業會報積極推動下，佳龍部長親領團隊，整合交通與科技產業發展趨勢，鎖定「電動巴士」、「電動車」、「無人機」及「鐵道科技」等重點，產官緊密配合，並已做出初步成績。由此看出，佳龍確有高瞻視野及機敏決策力，可謂產業發展之最佳引路人。明智確信台灣的交通產業，將步上與台灣半導體一樣蓬勃發展的坦途。

本次由大肚山產業創新基金會規畫，安排佳龍與台灣頂尖企業對話，其範圍橫跨科技、綠能、醫療、生技等領域。藉由佳龍善於傾聽、高瞻的能力，與企業密切互動，將產業資訊、發展趨勢及產業需求，透過其擔任公職的豐富經驗與厚實人脈，有效的傳遞給政府及民間。相信經由仕龍的登高驅動，不啻交通產業，也將在醫療、生技、綠能產業等各領域大步前行，再創多座護國群山，榮耀展現台灣特有的價值，在世界舞台上發光發熱。

【推薦序】

推動產業計畫，見證台灣經濟奇蹟2.0

行政院政務委員／國家發展委員會主任委員　龔明鑫

二〇一六年五二〇前，我國經濟成長率出現連三季負成長，使得國內經濟預測都落於經濟成長能否保「1」的爭議。而先前二、三十年間企業也多出走海外，留在國內的企業雖也秉持著刻苦耐勞的精神，但仍不足以支撐國內經濟成長與發展。

二〇一六年開始，政府為翻轉過去經濟成長動能不足的情形，積極推動許多政策，如積極推動「5＋2產業創新計畫」，驅動台灣下個世代的產業成長核心；並且提出前瞻基礎建設，加大國內投資動能；另為分散市場過度集中中國市場的風險，並開發新市場，而加以提出新南向政策。美中貿易戰時，我國即時推出台商回台投資方案以及境外資金匯回專法，進一步協助企業供應鏈重組。而在數位化更趨重要的時間點，除上述5＋2產業布局外，政府也積極投入科技預算，如前瞻2.0預算編列時，大幅提升科技發展以及5G推動所需預算，皆是為協助企業在數位化的升級轉型。

許多的努力在近幾年也都開花結果，讓台灣經濟表現一改過去低迷情勢，5＋2產業當中智慧機械於二〇一七年產值破兆元，物聯網產值亦相繼於二〇一八年突破兆元。此外，我國製造業附加價值率也從二〇一一年最低一九．八八％，提升至二〇二〇年的三一．二八％。而出口表現，二〇二一年全年出口成長二九．四％，其中三月單月出口更達成破新台幣兆元，為歷史首次。在面對疫情的挑戰下，二〇二〇年我國經濟成長率為全球少數正成長國家，二〇二一年在基期相對高的情形之下，仍達成六．二八%的經濟成長率，展現我國經濟的良好體質。

國內企業表現也一改過去代工為主的思維，各自在產業之中確立發展的方向以及定位。如書中所提及，鴻海集團積極朝電動車領域發展；佳世達企業除代工服務外，也開始朝智慧醫療領域拓展；研華科技在其物聯網領域持續深耕，並導入AI技術確保其領導地位。此外，更多傳產企業亦認知數位轉型重要性，積極朝向數位化，也於書中加以呈現；新創業者於近年更是蓬勃發展，其中台灣也成功扶植出獨角獸，如91APP、沛星科技、Gogoro等。政府為改善國內經濟成長動能所做的許多努力，在國內企業相互配合下，於本書中藉由與各CEO的訪談共同見證「台灣經濟奇蹟2.0」。

同時，透過與各CEO的對話之中，也點出未來台灣仍須因應的許多挑戰，其中之一即為淨零碳排的趨勢，如何在不污染環境的條件之下，持續推動產業升級轉型以及科技創新，為全球目前討論的重點之一。因此，綠色能源的發展、零污染燃料的替代，以及電動車產業的推動，將會是近期重點趨勢。書中提及已有多家企業開始布局淨零碳排的推動，政府並將持續投入資源，引領公私部門確實達到淨零碳排的目標，讓台灣在國際上持續擁有競爭優勢。

而待國內科技發展完備後，政府持續引領企業將成功科技應用輸出國際，除新南向政策之外，政府持續深化與美國的合作交流，並且也逐漸布局歐洲國家，期望藉由台灣的科技實力，與全球各國深化合作，於科技的浪潮之下，協助企業找尋更多藍海。正如本書所說，在全球供應鏈移轉之下，各企業家如何高瞻遠矚，並且配合政府重要措施，本書透過各企業CEO的角度以及成功案例，帶領讀者以更多的角度了解企業策略經營角度，以及產業技術的發展，讓讀者洞見未來產業趨勢以及科技走向，值得大家參考。

【推薦序】

矩陣創新共享經濟成果

大肚山產業創新基金會董事長　施茂林

近年來，科技進步神速，也逐漸成熟，諸如大數據具體運用，人工智慧大量實作，物聯網廣泛推展，加上5G便利應用，這些數位時代相關科技，對工商百業、政府部門、社會互動連結、個人生活模組等，都造成重大改變。當迎接壬寅金虎年的到來，趨勢科技業帶來新的挑戰，也帶動無限商機：

——企業需數位轉型，工業4.0必智慧化、IIoT、AI與CPS等技術無縫連結，驅動生產低成本與高效率。

——晶片日益創新，晶圓代工榮景強勁，第三代半導體高速起飛，引領新能源、電動車、國防航太工業升級發展。

——IC設計成長動能強勁，電子組裝暢旺，網通業百年大商機到來，Wi-Fi升級、低軌衛星建設與光纖升級等火熱成長。

——電動車與自駕車翻轉汽車業，電池技術研發強勁，有企業正研究用低製造電池，轉動能源新方向。

——資通訊促動智慧化醫療賦能，再生醫療更為實用精準，醫療生物科技也開展新局面。

——量子運算逐漸成熟，量子電腦啓動AI新變革，開啓科技新天地。

——元宇宙新科技將虛擬與現實交互存在，將成為顯學，連動遊戲、影視等新紀元，引導相關產業快速發展。

——非同質化代幣ＮＦＴ蓄勢而起，激起社群經營新模式，開創市場新價值。

在這個科技快速更迭創新的後疫情時代，台灣工商產業敏銳掌握上述趨勢科技的特性，有效開發創新，展現亮麗的成果，對世界的貢獻功不可沒，儼然成為全球數位生活的領航者。個人欣見此次大肚山產業創新基金會策畫新書《科技特派員》，提供給大家新思維與新視野。本書的籌畫乃匯集台灣智庫、台數科與電子時報（DIGITIMES）等團隊共同合作和努力的成果，在本書陸續介紹的成功案例中，透過訪談數十位科技業和傳統產業企業家，看見他們逐步跨域協作形塑成一個豐富的產業聚集網絡，成員彼此間不斷矩陣創新並將經濟成果共享，共同創造出臺灣科技的新未來。在此過程中，我們看到這些業界領導者推動創新發展的用心和努力，實在令人感到振奮和欣慰。

本人深信這本書會讓讀者在閱讀的過程中，得以一窺科技產業發展的重點項目、對科技大未來展望，以及在全球化競爭體系中，企業該如何結合國家政策，推動產業的不斷突破與創新等目標。此外，我們透過「智慧機械」、「亞洲·矽谷」、「綠能科技」、「生醫產業」、「國防產業」、「新農業」及「循環經濟」等七個領域優秀中小企業的精彩採訪報導，了解到這些企業得以立足世界的隱形冠軍實力所在，並體悟到這些製造業為主的企業如何在當前疫情和國際競爭下，因應動向調整自身策略和體質、智慧化生產未來應用和國內產業整合與國際協力合作等面向。透過本書的最後章節，我們清楚知道政府如何在台灣交通科技發展中扮演重要輔助角色、未來交通科技發展的展望和重要的數位科技切入實證成果。

大肚山產業創新基金會是一群關心台灣產業創新研發、橫跨各領域、區域的專業人士所發起和組成的平台，我們以新觀念和新科技協助企業提昇自身附加價值，並促進產官學研共同學習，進而帶動區域經濟成長。

此外，我們更努力強化民間和公部門知識和經驗的學習和交流，提升民間和公部門跨領域創新能力和培養相關人才。在大家共同努力之下，基金會自二〇一八年一月開辦第一期產創菁英班，深受企業校友好評，目前基金會已開辦產創學院第九期，校友們分佈於北中南部，執各領域翹楚，逐漸創造出多元創新生態系，個人深刻體會到我們同仁夥伴們的執念和用心，未來令人期待。

產業創新絕不是一句口號，而是政府部門與產業永恆追求的實踐目標。我們期待國人在體認到我們在世界科技和製造體系中自身的優勢和角色後，充分展現自己的實力，在世界體系中延展我們自我的價值和韌性，進而在世界體系中被需要、被喜愛。最後我願在此勉勵大家一起朝向快樂世界人的目標來努力。

【推薦序】

掌握趨勢，前瞻科技大未來

中華民國無任所大使　林佳龍

國民所得超韓趕日，數位發展是關鍵因素

台灣在二〇二一年人均國民所得年成長百分之十七，並在睽違十八年後，再次超越韓國。日本經濟研究中心的預測甚至指出，台灣人均國民所得，將在二〇二八年首度超越日本，其關鍵原因之一，正是台灣在掌握數位科技發展與數位化轉型應用上，較日本社會更加快速。

佳龍與數位的不解之緣

未來的世界，數位化是不可以逆的趨勢，台灣產業能否快速佈局，超前部署，將決定下一代的經濟未來。佳龍的公務生涯中，一直跟數位發展有著不解之緣，在二〇〇四年擔任行政院新聞局長期間，推動傳播廣電平台的數位化發展，包括無線三台的數位化與MOD開展。在二〇一四年開始擔任台中市市長時，佳龍再度以數位發展為主要施政目標，率全國之先籌設「數位治理局」，並推動台中成為智慧機械之都。而在二〇一九年擔任交通部長後，面對5G時代來臨與數位科技的多元應用發展，交通部順應市場需要，推動5G頻譜釋照並規

劃企業專網，並成立「交通科技產業會報」，加速各產業數位轉型與智慧城市發展。佳龍見證二十多年來的產業轉型，一路走來，從中學習甚多，對於未來，也有所期待。

當前是產業轉型與超越的關鍵時期

在世界逐步走向美中抗衡、雙元雙規的G2市場體系下，台灣在供應鏈重組的過程中，持續得到歐美市場的信賴；在Covid-19疫情干擾下，大部分國家的生產與經濟活動都受到影響，而台灣人民配合政府疫情控管，上下團結一心，也讓全世界都看到我們的優異表現。然而，台灣經濟的前景未來仍然面臨相當大的挑戰，包括淨零轉型、人口老化及城鄉差距等影響國內消費及投資意願的內循環議題。

與12位科技企業家共同思考未來

為了掌握趨勢，前瞻未來，佳龍有幸在二〇二一年的年中開始，陸續啓動一系列與國內多名世界級產業CEO的對談，並透過實地參訪與親身體驗，進行多角度的對談思辨，共同探討如何擴大台灣科技影響力，因應未來挑戰的各種關鍵作法。

而「數位科技應用」、「導入低碳循環技術」與「以服務為導向的矩陣創新」，是我與十二位科技產業CEO對談中，所激盪出來的核心致勝思考方向。

這十二位知名企業家所領導的企業中，過去多以線性供應鏈為邏輯；是幫助全球品牌從事資源整合與代工的大型硬體供應商，更有許多是在這個線性供應鏈底下，提供關鍵零組件與次系統的科技業者。

難能可貴的是，這十二位世界級企業家均能洞悉國際市場需求的變化，體察全球政治經濟脈動，進而能全盤掌握前述三項致勝關鍵，對內積極推動組織變革，培養數位科技人才，鼓勵內部創新，對外則大膽進行併購，整合跨領域關鍵夥伴，打造聯合艦隊，不但成功切入智慧家庭、智慧製造、智慧交通、智慧醫療、智慧能源與智慧農業等領域，同時透過製程環境的優化並使用綠色能源，邁向淨零轉型的目標。他們成功降低線性供應鏈原本的束縛與風險，並為自己的企業找到新藍海，積極迎向下一個二十年。

矩陣創新需要中堅企業的共好與支持

台灣過去半個世紀以來的經濟奇蹟，打的本來就是團體戰與國家隊，台灣產業群聚所具備的整合力與創新力，透過中堅企業與中小企業的緊密協作，創造出具包容性的台灣經濟成果，打造出北中南三大科技園區廊帶與周邊的產業共同體。而矩陣創新的本質上，強調次系統的「優化」與「再整合」，其中「再整合」是中大型科技企業的核心策略，而「優化」則是中堅企業的強項所在。

台灣的中堅企業，組織與策略上較為靈活彈性，能夠與中大型科技業相互協作並累積多元能力。相對日韓大企業體系下，策略較難調整的子公司供應商，本書所介紹的二十六家中堅企業，個個具備足以逐鹿全球的核心技術與管理能力，並且在數位轉型、彈性製造與商業模式的「製造業服務化」上，持續突破與發展，未來都將是台灣產業聯合艦隊中，成為不可或缺的護衛艦。

政府應以服務領導的思維，帶領產業往前衝

打造產業聯合艦隊，編整建軍，自然少不了政策生態系的政府、法人、智庫與產業公協會等角色。未來產業的發展是以服務為導向，以終為始的循環。在次系統不斷再整合與優化的過程中，既有產業的範疇將被打

破，或重新定義，其變動的頻率將越來越高，也會形成對政府施政的挑戰，若政府任由部門本位主義作祟，恐將因此失去健康發展與形塑市場機制的契機，最終影響到內循環與外循環的良善進程。

佳龍深知政府雖不是萬能，但沒有政府卻是萬萬不能，如何在政策生態系中形成良好的跨部會協作，將是十倍速競爭下的勝出關鍵。當初交通科技產業會報下的十二項產業分組，就是在這樣的思維下成立的。經過兩年多來的努力，我們已經成功推出電動大客車示範計畫，形成良好的內循環市場，並同步使得國內電動大客車的製造商爭取南向國家，甚至是中東地區的訂單商機。淡海新市鎮的５Ｇ與智慧交通示範運行計畫，配合制度沙盒的建立，也使得國內如ＭＩＨ聯盟等智慧車產業鏈平台得以驗證與精進，加速新產品開發與商轉的時程。而５Ｇ的企業專網政策，也是在不斷協商與溝通之下，最後讓生態系中的利害關係人都共同跨進一步，拓展了所有工業物聯網與智慧應用的可能。

佳龍認為，政府本身就是最大的服務業，要以服務領導的思維，帶領產業往前衝，如此才能讓企業有所依循，驅動台灣投資與優質工作機會的良性發展循環。

而政府內部，不論是組織、制度、方法論、與外界的協作關係，甚至是工具，未來也都要高度運用數位科技，掌握並運用資訊，降低各種制度交易成本，並管控風險，同時也藉由數位科技，對政府內部組織與制度產生質變，打破本位主義，打造Team of Teams的高效能組織。

感謝產官學各界參與者的奉獻

佳龍在二〇一八年舉辦台中世界花卉博覽會的機緣之下，與一群大肚山下的企業隱形冠軍，結伴攜手同行，共同成立「大肚山產業創新基金會」，推動共學、共創、共好的「三共運動」。本書的完成，有賴大肚山基金會的整體策畫與統合，也要感謝台灣智庫與電子時報在內容上的協助。而在數位時代下，知識的傳播需要以更多元的方式進行，本書部分內容的原創影音，係由優秀的鑫傳團隊所製播完成，並得到電子時報黃欽勇社長，財訊謝金河社長與台大柯承恩教授的鼎力相助。而以製播優質節目與提供創新數位服務為目標的台數科，結合LINE TV，始終是本系列在通路上的最大貢獻夥伴，在此一併致謝。

佳龍期待，藉由《科技特派員》此書，可以讓讀者一窺跨產業矩陣創新的未來趨勢，也冀望能引發讀者對企業策略經營、產業技術發展、跨國經貿互動等，有更多深入探索與共同討論的興趣。期盼我們一起努力壯大台灣的未來，讓台灣在世界上更形重要，從「世界的台灣」發展到「台灣世界好」，成為被世人尊敬、受世人喜愛的台灣。

CONTENTS

5＋2產業創新計畫：26家企業開創黃金縱谷科技新未來

政府在產業創新所扮演的角色：以交通科技產業會報為例

【前言】

世界的台灣，台灣世界好

——科技大未來與台灣經濟定位新思維

中華民國無任所大使　林佳龍

四百多年以來的台灣發展，就世界史的觀點而言，十八世紀中葉前的大航海與海權帝國主義爭霸時期，台灣扮演的是遠東的「重要海貿樞紐」，包括明鄭在內的政權，在台灣建立了數個初具規模的港口城市。在十八世紀中葉後，台灣在世界的地位一度沉寂，雖有稍具規模的內陸城市，現代化的各種設施與制度逐步建立，但一直到二十世紀中葉的冷戰時期，台灣才再次因為地理位置的關鍵性與國際政治情勢演變過程的需求，在韓戰時期成為西太平洋第一島鏈的「重要軍事樞紐」。台灣雖然重要，但卻是列強爭霸下的棋子，台灣主體性仍未彰顯。

從經濟與科技發展的觀點，台灣之於世界史上的重要性，要一直到一九八〇年代後，台灣在新自由主義與全球化的浪潮下，進行選擇與聚焦，並成功在資訊工業的技術與供應鏈上搶下一席之地，才開始奠定對世界發展的關鍵貢獻，成為全球「重要產業樞紐」。

雖然就價值創造的本質與分配而言，以資訊工業為主的台灣經濟發展，仍以服務西方先進國家品牌企業的委外代工型態為主，其關鍵性與主導性仍有待提升，但台灣對世界的重要性，已經逐漸從「台灣地理空間在世界的特殊性」，轉變為「台灣人能力在世界的關鍵性」。主體已經改變，從台灣這塊土地，延伸到台灣這塊土地上的人民。

我們正在一步一步地朝著我們的理想往前，台灣人能夠貢獻世界，台灣能夠成為世界的台灣，台灣人，能夠讓世界變得更好。

歷史的發展是漸進的，一個國家的經濟與產業競爭力及其對世界的貢獻，也會存在許多途徑依賴的問題與挑戰。然而科技的進步卻是指數發展的，人類社會的行為與偏好，也會受到外部自然與其他人為的影響，包括政治對抗、疾厄、各種制度缺陷下的社會矛盾，都會共伴著科技進步，而對世界經濟秩序產生重組與重定義。如何讓台灣人貢獻世界的同時，解決內部的分配問題，讓過程能夠共好，讓成果能夠共享，讓貢獻來自於台灣每個角落的英雄，一百人走一步，勝過一人走一百步，也是我們終極的關懷。

資訊科技的發展，已經逐漸從硬體走向軟體，並從「線性供應鏈創新」[1]的上中下游相互帶動與影響，到軟體驅動不同硬體間系統整合的「矩陣式供應鏈創新」[2]。每一個物端都可能生成資訊，產生應用價值，每一個使用各種物端的行為者，也可能成為「自媒體」與「自經體」。

在這樣「矩陣創新」與「萬物聯網」的「數位時代」下，第一相對變得無意義，因為每個人都是唯一；台灣人對世界的貢獻，也會質變，不再只是綠色矽島與矽屏障，不再是筆電與網通產品的代工王國，而是全球數位生活的領航者或中堅企業。

世界發展的史觀，也不再只是地緣政治上的強權，用硬實力競逐勢力範圍，而是在跨越實體國界的範圍上，用數位國力投射影響力。因此台灣人要造福世界，未來需要在G2抗衡之下，加緊腳步，思考台灣的數位

1 如上游中央處理器世代創新驅動下游筆記型電腦換機潮，或下游行動電話的外觀機構設計，驅動中上游零組件的設計變化。

2 如資訊系統嵌入汽車的中控系統，讓原本各為終端產品的資訊行動裝置與汽車，整合為智慧車，而其中最為關鍵的是，車載資訊系統軟體的創新，讓硬體整合變為可能，而且帶有使用上的意義。

印太戰略，在過往硬體的基礎之下，厚植數位創新國力，打造被需要、被喜愛的創新經濟定位，並且在數位「非排他」及「可加乘」的本質下，與所有志於改善人類社會未來前途的台灣盟友，一起在世界數位領土的開拓上，做出貢獻。

「千里之行，始於足下」，「九層之台，始於累土」。外循環的國際間數位互利共生，將始於內循環的矩陣共進共好。台灣傳統與科技產業間如何有意義且有效推動創新與整合，也將決定台灣的隊形，以及台灣在世界數位經濟中所扮演的角色。

在聚落空間面，雖然既有產業群聚的空間組合，難以短期內調整重組，但透過「網路、資料，與移動」科技，可以有效降低傳統產業與科技產業在實體聚落上協作的空間限制，而達到協同研發、試量產與整合測試的目標。

在本書陸續介紹的成功案例中，我們透過數十位企業家的前瞻遠見與果斷落實，看到跨域協作所形塑的一種產業棲息網絡，而這樣的生態系成員彼此之間，在不斷動態式打散重組的矩陣創新過程中，建立大量的數位資產與系統性創新洞見（Insight），且擁有這些智慧財產者，不獨於科技產業，亦包括傳統產業，其彼此鑲嵌同存共依之競爭力，有如螺旋向上的氣流，將創新同時外溢，經濟成果同時共享。

台灣內循環的力量，正在逐漸展開，「現在決定未來」，台灣的科技大未來，由你我一同共創、共好與共享開始。

科技大未來：林佳龍與12位科技企業的關鍵對話

鴻海

電動車產業鏈串連者

鴻海打造MIH聯盟

電動車浪潮席捲全球，面對二〇二五年全球電動車市場規模達六千億美元、車輛數達兩千萬台的預估市場，以ICT（資訊與通訊）產業起家的鴻海科技集團也踏入電動車領域，與七十多年造車經驗的裕隆結盟為夥伴，壯大造車陣容，快速電動車市場，力拚二〇二五年攻下百分之五的全球市占。

鴻海發起成立MIH聯盟，開放全球產業夥伴加入，至今已有超過兩千家廠商會員，延伸出上下游產業生態鏈，建立電動車產業生態圈。鴻海透過MIH平台打開台灣電動車產業的出海口，以「標準化、模組化、平台化」，加速電動車的產製速度，降低開發成本，縮短製程，提升產品競爭力，讓MIH聯盟成員能做大生意。本次將透過前交通部長林佳龍與鴻海董事長劉揚偉的對談，探究台灣在未來電動車領域的發展與世界技術地位。

跨足電動車市場　導入手機開放平台概念

劉揚偉：

鴻海與裕隆合作創立鴻華先進科技，提出「MIH」設計理念，分別是極簡化（Minimalism）、本質（Intrinsic）、和諧（Harmonic）。因為我們進入電動車產業時發現，車輛開發成本其實相當巨大，平均大概要投入一百億到兩百億新台幣的資金，開發時

▲ 預見大未來節目邀請前交通部長林佳龍與鴻海董事長劉揚偉對談，探究台灣在未來電動車領域的發展。

程大概也要三到四年；從ＩＣＴ產業的角度來看，整體開發時程太長且成本昂貴，所以我們思考如何利用鴻海在ＩＣＴ產業的經驗，打造一個標準化、模組化的開放平台，來縮短開發時程及降低成本。

ＭＩＨ聯盟成立的過程中，我們頻繁地前往行政院、交通部溝通討論；外界也有很多期許，希望ＭＩＨ聯盟可以成為一個中立組織，給加入的聯盟成員帶來實質的好處。ＭＩＨ聯盟成立以來，已在二〇二一年七月從鴻海獨立，成為一個公正、超然的非營利組織，鴻海也持續開闢全球出海口與會員共享，二〇二一年幾乎每個月都有進展，包括跟全球第四大車廠Stellantis、美國電動車新創公司Fisker、泰國國家石油公司ＰＴＴ等簽訂合作協議，我們要帶領台灣隊躋身「一級玩家」。

改變產業線性供應鏈
中小企業轉型需取得信任

林佳龍：

鴻海的創新在組織經營是一個共好模式，平台

▲ 前交通部長林佳龍長期關注公共運輸議題，很高興鴻海集團可以加入大型電動車的國家隊。

▲ 鴻海集團董事長劉揚偉分享創立MIH聯盟過程困難與如何打破傳統汽車生產模式。

化、標準化、模組化，過去在全球供應鏈，「台灣人給世界的禮物就是供應鏈服務」，台灣很有優勢；但在全球的供應鏈是線性供應，受制於人。在數位經濟的時代，很多傳統產業因為競爭很激烈，導致附加價值越來越低，像手機汽車產業，其實已經遇到深水區，「產業必須要跨業、必須轉型，卻沒有出口」，而MIH聯盟搭建了平台讓大家參與，抓對時機，號召大家試看看。

MIH聯盟在成立一年內就有超過兩千多家會員參與，在傳統產業的數位轉型過程，「要有聯合艦隊、領頭羊，需要共好」，在這共創基礎上，我想到宏碁施振榮董事長所講的「王道精神」，他最近也提出矩陣創新、跨域合作，看哪兩種的產業或產品結合，開拓出矩陣空間，大家可以找到適當的位置共創與共好。我期待在數位經濟時代，台灣在全球有新的角色，我非常高興MIH聯盟捷足先登，是好的開始。

劉揚偉：

籌組MIH聯盟的過程中，最大的困難就是取得傳統車廠和ICT同業的信任。

我們在和傳統車廠溝通時，大多的回應是：「你們不了解，你們不懂。」剛開始大家是都不相信，必須不斷地去溝通，讓大家知道MIH聯盟提供的模式，是一種突破性的做法，而鴻海可以帶領大家做到。

其實台灣的產業能力是有目共睹的，只要能號召各方，集眾人之力，這也是MIH聯盟有超過兩千家會員參與的重要原因。

二〇三〇年大型車電動化
鴻海加入助交通轉型

林佳龍：

一年前我也開始推動電動大客車示範計畫，在二〇三〇年我們台灣所有的電動大客車，都要轉型成為電動巴士、電動遊覽車等，鼓勵國內自主開發業者及願意在台投資設廠的電巴業者投入公共運輸服務領域。我在交通部長的時候，我鼓勵不只是要補助電動巴士，更要將遠程大客車、充電樁還有包括儲能的設備納入輔導對象，政府有政策也有預算補助，可是必須要有兩三個隊去組成。現在台灣確實有客運業者結

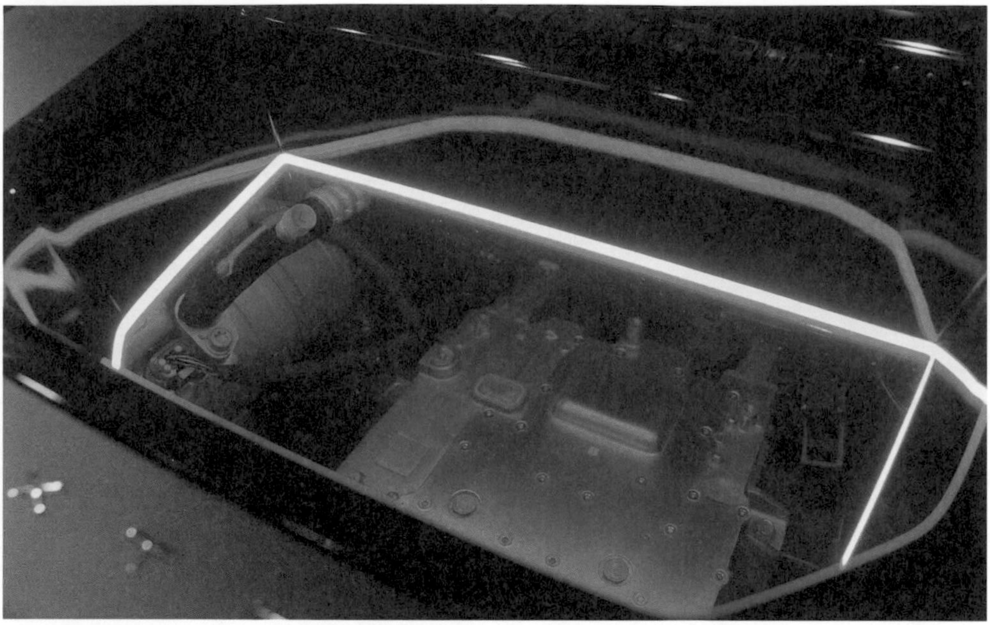

▲ 三電系統取代傳統燃油引擎，動力機械體積縮小，釋放出許多乘車空間。

▲ 製車環節包括打造一比一油土模型，確保車輛外觀造型與內裝車駕平衡。

合汽車業者在執行，鴻海也是其中一隊，與政府推動方向一致。

劉揚偉：

電動車產業除了硬體，軟體也非常重要，軟體不單僅是控制車體，還要能提供服務，像是電動巴士可警示周遭的人車、跟總站或控制中心聯繫等。台灣的地理環境可以提供不同的路況測試，非常適合開發車用軟體；相信拿到世界各地，大概都可以使用。所以我非常看好台灣開發電動巴士，希望能將電動巴士推廣出去。

Covid-19影響
全球缺料反成汽車產業鏈轉型助力

劉揚偉：

Covid-19疫情衝擊全球供應鏈，整體產能供需受到很大的影響，我接到很多OEM（委託製造代工）廠商來尋求幫助，尤其是缺料問題在短期內不容易改善，且長期下來，對傳統汽車產業鏈會是嚴重挑戰。

過去傳統車廠不會去接觸第Tier 2供應商，而會經過Tier 1供應商，以此類推的階層關係讓傳統車廠反應太慢。這使得OEM廠商重新思考供應鏈的調整，進而讓供應鏈越來越有效率。台灣可望打破從過去Tier 3、Tier 4慢慢爬的困境，對台灣來說，是很好的機會，而Covid-19疫情也意外成為改變汽車供應鏈的契機。

林佳龍：

過去汽車產業很封閉，因為涉及智慧財產權專利，「鴻海的MIH聯盟殺出第三條路」，涉及到天時地利人和，確實台灣現在剛好有市場需求，地利是我們的供應鏈有個國家隊，再來就是人和，不管從鴻海扮演新的角色，或是我們台灣人才，未來還是一個關鍵。

結合人才與技術優勢
台灣須搶下電動車發展機會

劉揚偉：

傳統車廠雖有上百年的製造經驗與基礎，可是從

▲ 將車輛資訊與環境系統整合在同一面板上，駕駛能簡便關注車輛狀況，提升行車安全。

▲ 前交通部長林佳龍試乘Model T，聆聽鴻海集團董事長劉揚偉分享集團造車經驗。

▲ 乘車者可以連結私人手機或平板電腦，與車內軟體結合，打造個人化商務空間。

傳統燃油車切換到電動車時，它更需要的是軟體、半導體這兩項非常重要的關鍵技術，這是台灣擅長的領域，我們一定要把握軟體、半導體加上三電技術，才能與傳統車廠做出區隔，形成互補。

林佳龍：

產業的競爭都涉及人才競爭，包括台積電他需要那麼多人才，磁吸效應影響其他產業人才短缺，更不用講大環境少子化，台灣需要在數量上增加，除了台灣的人口政策還有移民政策，我們必須要有新的一個人才結合人口的政策，包括人力資源的政策，要有上位的國家戰略，這是產業的人才供需；另一方面，量增加後，質的提升也重要，產學訓用讓生產效率提高，產業創新模式就要數位化跟知識管理，像現在的MIH聯盟就跨產業甚至跨很多企業的時候，那這些人才其實是要在更大的架構中共學、共創、共好。跨域交流可透過很多的數位化教材跟虛實整合現場，讓人才可以分工合作，提升品質，這也是大肚山產業創新基金會，我們一開始創立的精神。

▲ MIH三大開放平台。

▲ MIH設計理念。

鴻海基本資料

成立年份	一九七四年
台灣上市年份	一九九一年（股票代號：2317）
資本額	新台幣一千三百八十六億元
二〇二一年營收	新台幣五兆九千三百七十六億元

經營策略三大方向

F1.0 現況優化	宣示「分工、分享、興利、除弊」四大重點，中央與子公司以及中央與次集團之間明確分工；採購流程中導入系統化機制，減少不必要的成本、也增加股東利潤。
F2.0 數位轉型	善用數位科技，優化網站平台以便與投資大眾高效溝通、提升法人與投資人體驗，建構了供應鏈管理平台，並著手建立各種大數據資料庫，讓各管理環節能自動化做智能決策。
F3.0 轉型升級	投資「電動車、數位健康、機器人」此三大產業，以及「人工智慧、半導體、新世代通訊技術」這三項新技術領域，以「三加三」作為重要的發展策略。

預見大未來

精彩影片掃描　智慧科技系列

電動車產業鏈串連者——鴻海

監製　大肚山產業創新基金會
製作　鑫傳國際多媒體科技

【未來科技．現場直擊】

前進鴻華先進　探訪MIT造車基地

過去打造一輛新車，時間要四年以上，鴻海自二○二○年十月成立MIH聯盟後，到二○二一年十月十八日的鴻海科技日，短短一年的時間，鴻海就打造出Model C（客群為家庭戶）、Model E（客群為高端商務人士）、Model T（電動巴士）三款參考原型車，速度驚人，展現出MIH平台的成果與鴻海進軍電動車市場的決心。

這次走訪打造三款原型車的祕密基地鴻華先進科技，從概念設計到2D草圖，收斂到最後上色，並輸出3D模型，最後可以看到一比一的油土模型，它們為車子做外型跟內裝打樣，找出最佳操駕平衡。

最令我驚訝的是，傳統燃油引擎動力被機電系統取代，機械空間做到最小化，騰出相當多的車內空間。Model C有中型房車的大小，卻有大型房車的空間，而Model E則是豪華的數位行動辦公室，乘坐空間非常舒適寬敞，此外，Model E還有個人化設定的臉部開鎖辨識、智能號誌功能，都是電動車軟體硬體結合的最佳展示。

公共交通是我長期關注的議題，Model T擁有環景視角，並將所有按鍵整合在單一螢幕上，減低駕駛駕車負擔，更能保障人車安全，巴士不再只是交通工具，它提供更舒適安全以及更智慧的輔助系統。

當我問鴻海董事長劉揚偉，有多少供應商來自MIH聯盟成員，他竟然跟我說，他們正在研發MIT電池，如果到二○二四年，涵蓋電池供應，電動車大概有九成供應商會來自MIH聯盟成員。我感到非常驕傲，很感謝鴻海能提供一個共好平台，帶著台灣的企業去打世界盃。

▲ Model C主打家庭客群，外型簡約時尚，內裝寬敞，符合家庭戶使用需求。

▲ Model E主打高端商務人士客群，讓乘車者能於車內辦公，宛如行動辦公室。

▲ Model E車內空間極大化，乘車者能享受寬敞的舒適體驗。

▲ Model E結合軟體技術，具有人臉辨識功能。

▲ Model T已上路測試，預計可於2022年載客行駛。

▲ Model T擁有環景視角，可經過車上鏡頭看到車體周邊狀況。

台達電

全球淨零碳排，台達電成智慧節能先驅

全球淨零碳排的討論聲再起，國際能源署（IEA）在二〇二一年五月發布《二〇五〇淨零：全球能源部門路徑圖》，對「如何淨零」提出具體的做法，以外貿導向且製造為主的台灣，勢必會被國際要求符合綠色製程，政府必須提高再生能源的占比，企業必須落實環境、社會和企業治理（ESG）。

二〇二一年底結束的四項公投中，討論核四及三接就占兩項，顯示台灣能源轉型正逢關鍵期。台達電以其耕耘於電力電子核心技術的長年經驗，協助台電在金門建置智慧電網示範島，成功證明台灣並不缺電，而是分配的不平均。就讓我們透過前交通部長林佳龍與台達電董事長海英俊的多面向深度對談，來看能源轉型的大未來。

台灣不缺電　須儲能設備分配

海英俊：

所謂的替代能源，主要是風力和太陽能，都是很乾淨的能源，但是最大的缺點就是供應不穩定，要有風或有太陽的時候才有電，所以需要一個儲能的設備，把發的電儲存起來。

事實上台灣的電不是不夠，而是分配的不平均。發電有高峰、離峰，儲能設備可做到「削峰填谷」管理，將白天多發的電力存起來，應用在晚上用電的尖

▲ 台達電子將「節能」內化成企業經營DNA，已成智慧節能先驅，節目邀請台達電董事長海英俊與前交通部長林佳龍對談，討論企業ESG重要性。

峰時刻，架構智慧電網之後，電力不足時還可以做供需的調節。

全球淨零排碳　政府推動綠能轉型

林佳龍：

提高再生能源的占比跟投資是世界趨勢，也是不得不走的路，台灣今年正式將「二〇五〇淨零目標」納入「氣候變遷因應法」，驅動了能源轉型，政策上也制定了能源轉型計畫，大方向就是「增氣、減煤、非核、展綠」，其中展綠部分目標設定於二〇二五年達到百分之二十，總量達29.4 GW，其中太陽能20 GW，風力5.6 GW。

過去當台中市長時，規劃兩百五十公頃的水滴智慧城，以中央公園為主，計畫導入智慧電網、儲能系統，還申請了經濟部跟相關單位的示範計畫，要求產業園區、社會住宅等都要配合安裝智慧電表，構成區域電網，讓電區用。

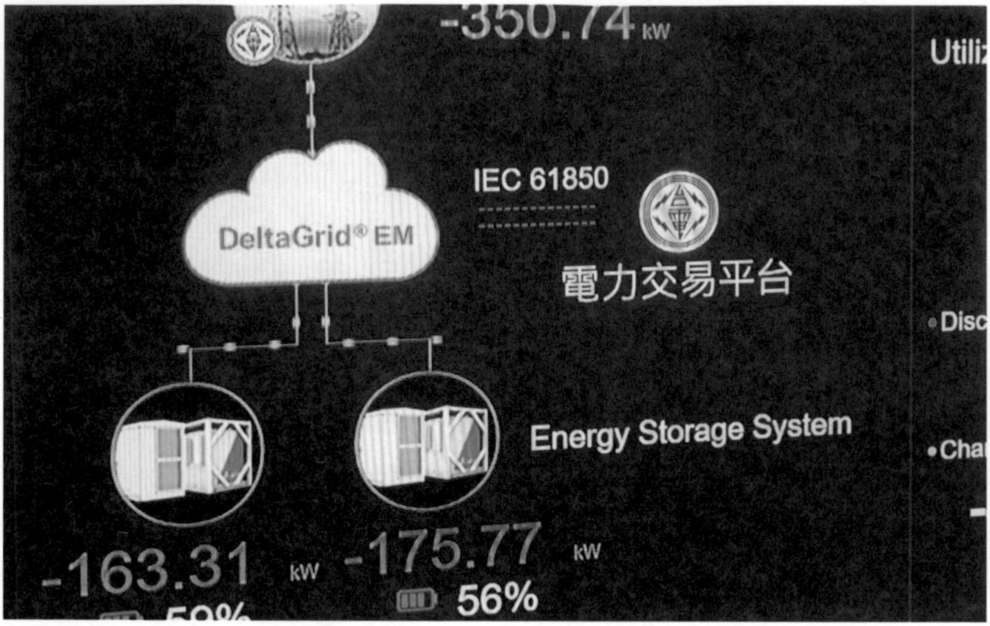

▲ 台達電的智慧電網搭配台電的電力交易系統平台，可達到「削峰填谷」電量管理。

智慧電網環境成熟　雙向充電樁回充電網

海英俊：

智慧電網已經講了很久，整個環境現在看起來越來越成熟，尤其COP26會議之後，二〇五〇淨零排碳時程也出來了，大家開始有迫切感。剛講了電不是不夠，是要分配的問題，電力交易系統是個很好的開始，讓所謂的用電大戶可以做調節。此外，台達電的電動車充電樁部分產品具備雙向充放電功能，以前都是單向從電網充到車子裡面，以後車子可以充回去電網；如果有這個市場的機制，加上尖峰跟離峰的電價差夠大的話，以後電動車車主都可以在電價便宜時先充電，到時候再放電回去。

台達儲能系統的實際案例，一年救援跳電六十一次

海英俊：

台達電與台電在金門建置智慧電網示範島，在金門夏興電廠建置儲能系統，如果遇到跳電等突發狀

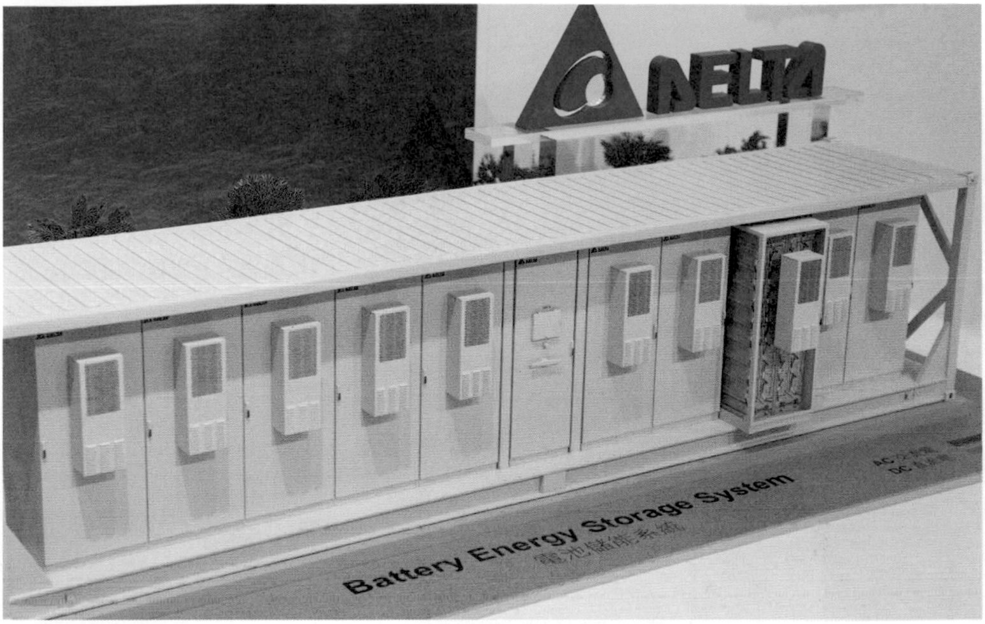

▲ 貨櫃型電池組是打造智慧電網的重要產品，電池模組可用來儲存綠電。

況，就可以把儲能的電拿出來用，在零點二秒內瞬間放電，為電網爭取三十分鐘的緩衝時間，二〇二〇救援跳電六十一次，都安然過關。大家覺得儲能就是電池，事實上更重要的是功率調節系統（PCS），台達電做電力電子做了幾十年，對電流、電壓的調控相當有經驗。

他山之石　歐洲取經規劃智慧電網

林佳龍：

去過歐洲幾個國家考察，包括荷蘭、法國，發現智慧電網除了國家主導計畫外，也要結合民間力量由下而上，以堆積木的方式，例如從社區、軍營、醫院、大學校園開始，也可裝設太陽能或小風機，並建置儲電設備與能源管理調度的資訊系統。

台灣真的是得天獨厚，有很好的離岸風電，也有滿充足的陽光，在再生能源方面發了那麼多電，可是這些電都是間歇性的。剛剛海董講金門的例子，就是從示範區中獲得珍貴的經驗累積。政府應積極整合儲能、智慧電網與調度系統的國家隊，未來是可以向外

▲ 針對家庭用戶，台達電也有推出「家用太陽能混合型儲能系統」，可作為家庭緊急備用電源。

輸出打世界盃的。

台達電落實ＥＳＧ受高度肯定 目標二〇三〇年達到碳中和

海英俊：

台達電以前做企業社會責任（ＣＳＲ），近年擴大為環境、社會和企業治理（ＥＳＧ），企業的使命宣言就是環保、節能、愛地球，英文的使命宣言更加能表現這份精神，就是「to provide innovative, clean, and energy-efficient solutions for a better tomorrow」。

全公司都曉得要做高效率產品，經過多年的努力，台達電所有的電源供應器效率都在百分之九十以上，並在今年許下承諾，那就是二〇三〇年要達到綠電百分之百（RE100）。這個承諾首先代表所有能夠節電的地方我們都要做；第二就是買綠電，也希望台灣的綠電能夠準時上場；第三個開始收內部的碳費，我們是台灣前幾家公司這樣做，總部會對每一個部門收碳費，用來做一些突破性的研發工作。

▲ 智慧電網須從基礎建設做起，構成區域電網，做好節能布局。

落實ESG 產業加入全球供應鏈

林佳龍：

過去CSR只是企業善盡社會責任，ESG則是在全球供應鏈裡的規定，以後我們台灣代工和隱形冠軍做的產品可能賣不出去，因為ESG標準在那裡，所很多中小企業它還不知道，整個海嘯就要來了。

很多人都覺得ESG很重要，內容卻搞不清楚，要具體讓中小企業能夠了解，經管會現在做公司治理3.0永續發展的藍圖，也有包括綠色金融行動方案2.0，這些強化ESG的資訊揭露，對上市櫃的公司是必要的，國發會、經濟部也大家一起來共同研擬如何去制定符合國際規範而且可操作的指引。

傳產做數位轉型的時候，政府應該去協調整個供應鏈，否則有企業放棄，可能整個供應鏈也會斷裂。整個台灣政府的思維也必須要改變，不是各部會做自己的事，該有一個平台來提供更完整的輔導跟協助。

台達電做轉型榜樣　KPI訂清楚

海英俊：

談到台達電轉型，先知道以後要做什麼很重要，能源或者是減排是很大的問題，也是一個大的商機，所以我們對每個部門KPI的訂定就很重要，譬如說工廠的KPI就是能源密集度五年要降百分之五十，他們二〇〇九年開始做，到二〇一四年能源密集度就降了百分之五十，目標訂得很清楚，每一季都做檢討。剛剛部長講的，政府不同部會之間怎麼協調、分工是很重要的，同時企業也要盡自己的本份。

展望二〇五〇年　政府應協助中小企業轉型

林佳龍：

二〇五〇年是淨零排放的目標年，這不是一廂情願的目標，是要具體可行、可以操作的時間表，也是一件跨部會的事情。我還記得當初訂二〇三〇年是電動巴士、二〇三五年是電動機車、二〇四〇是電動車，可是馬上引起了很大的反彈，因為有沒有配套，後來就修改了。政府需要有政策、有預算，協助打造一個台灣隊，對民間來講就知道有路可走，政策很明確，對產業界來講，投資就不會擔心到時候朝令夕改、計畫趕不上變化。

另外像歐盟對於淨零跟邊境碳稅的相關課題，對台灣的影響非常大，政府也應該透過二軌外交、透過產學研這樣的機制去談，畢竟是全球性的供應鏈，不是只有他們市場的規範。

【未來科技．現場直擊】

能源轉型先驅　台灣另一座護國神山

現在全世界都在講淨零排放，要做能源轉型，台灣的台達集團早就在做了！

實地參訪無響實驗室，所有的量測檢驗都得到國際認證，產品就直接可以出口；還有七米的轉桌，可耐重達五公噸，不論電動車、充電樁、大型的伺服器電源，都可以進來做測試。

我還參觀了雙向電動車充放電樁。台達電子技術長陳錦明告訴我，一輛電動車只要半小時甚至十五分鐘就可以充飽，充電的時候萬一整個電網需要緊急救援，還可以從這個車裡面送電回去電網。以後萬一停電，就不用再找蠟燭，直接用自家電動車儲的電，就能作為家庭備用電源供給！

節能儲電這個是未來世界的趨勢，各個產業都面對同樣的挑戰，最關鍵就是這個儲電的設備。從發電到輸配送到用電，過去都是透過台電，現在如果採用分散式的區域電網，特別是再生能源都有間歇性發電的特色，如何將電儲存下來，需要有一套智慧電表和儲能系統，而台達電就是箇中翹楚，能「削峰填谷」調節供電。

如果要向世界介紹台灣產業，台積電大家都知道是護國神山，台達電只差一個字，但它代表了一種國家形象和企業品牌的結合；未來用電量一定會持續增加，但不可能持續增加發電，只有從節電、儲能著手，而台達電就是最有競爭力的綠能企業。

台達電基本資料

成立年份	一九七一年
台灣上市年份	一九八八年（股票代號：2308）
資本額	新台幣兩百五十九億元
二〇二一年營收	新台幣三千一百四十六億七千萬元
員工人數	約八萬三千人

▲ 台達電子所有電子相關的量測檢驗都得到國際認證，產品在無響實驗室檢測後，可以直接出口。

▲ 台達電都是做雙向充電樁，因應各種使用情境，推出不同電量產品。

▲ 未來智慧電網建設更趨完善後，電動車將成為大型的行動儲能設備，臨時缺電時，可再放電回家庭儲能系統。

宏碁

科技人本綠色生活　打造智能生活品牌
宏碁「虎」力全開

一九七六年成立的宏碁，曾以「小教授一號」將台灣的電腦推向國際；四十五年後的今天，這個全球PC大廠，正積極貼近消費者的生活需求，朝「生活風格」（Lifestyle）品牌轉型，同時鼓勵內部創業，以小虎隊之姿，在電競、能量飲、抗菌周邊、潔淨家電、智慧城市解決方案等領域各領風騷。

二〇二〇年合併營收兩千七百七十一億元、每股稅後純益二點零一元，創下近期新高；對比二〇一三年大虧兩百零五億元的低谷，財務數字也是越走越穩，究竟公司如何跨越成長框架，與員工、顧客、市場建立新連結，進而抓到轉型契機？不妨透過前交通部長林佳龍與宏碁執行長陳俊聖的深度對談，一起預見以人本創新的未來科技藍圖：

是轉型不是轉行　三年一計畫創造品牌高價值

陳俊聖：

宏碁成立至今已四十五年，這四十幾年當中，它有好幾次的改變，交到了我這一棒，我打算從純粹走電腦品牌的公司，再提升到生活品牌（Lifestyle）層次。但我必須強調，「它是轉型，不是轉行」，本業——也就是PC部分，我們一定會先做好。

二〇一四年初，我接下了宏碁執行長後，就擬定了轉型三部曲計畫，希望帶領公司朝附加價值更高的

▲ 宏碁集團的筆電享譽全球，內部也積極創新，順應世界趨勢潮流，不斷在各領域推出新產品。

品牌前進。第一步「逆轉勝」，我們專注財務數字，設定一百天計畫，優化電腦本業推出全新電競品牌 Predator，藉由研發創新，讓宏碁在全球筆電市場殺出重圍，將事業營收轉虧為盈。

第二步「雙重轉型」，我們核心事業朝「生活型態的挑戰」與「創新研發」雙重路線發展，陸續推出飲料、電競平台、智慧城市解決方案、空氣清淨機等新事業，建立不同類型的品牌，逐漸獲得市場認同；現在邁入第三階段「造局」企業邁進，鼓勵內部創業，我希望公司能集團化，組成上市公司（IPO）艦隊。

宏碁最好的時候，曾經有過十一家上市公司，但種種原因，等我接棒時，只剩下宏碁一家，還虧了不少。隨著這幾年業務、財務體質的調整，我們發現，原來員工在不同的市場，可以做滿多不一樣的事，若這些事業一個一個把它推上市，將可讓員工獲得前進的動力，現在我們已經有八個上市／櫃（興櫃）公司。

▲ 本集節目邀請宏碁集團董事長陳俊聖分享內部創新團隊與做法，與觀眾分享企業管理經驗。

納入年輕世代　以人才做數位轉型推力

林佳龍：

從宏碁的轉型經驗，可以看到一個產業要創新，必須要注入活力，並讓年輕人願意參與，尤其大企業本身的組織惰性強，轉型過程，摩擦力一定大，若又碰到時代環境的變化，就會遇到困難，這時，整個創新、創業的生態系重點還是「人才」，尤其是年輕人，他們已經有不同的生活型態了，不可能像早期的工廠那樣。

宏碁鼓勵內部創業，形成所謂的「小虎隊」，也具備結合內外部的矩陣式創新，再注入以人為本的科技服務，大大擺脫了傳統製造業思維，舉凡生活上的需求，都能跟宏碁這個品牌結合，就是一種生活風格（Lifestyle）的創新體現，這樣一來，所提供的價值才能再驅動製造端繼續研發。

放眼現今，每個人都可以是自媒體，也是自經體，一個人，就是一個市場，宏碁讓我看到所謂的創新、創業有兩股力量，一股是拉力，一股是推力。拉力就是產業現在的環境變化非常快，我們必須要有跨

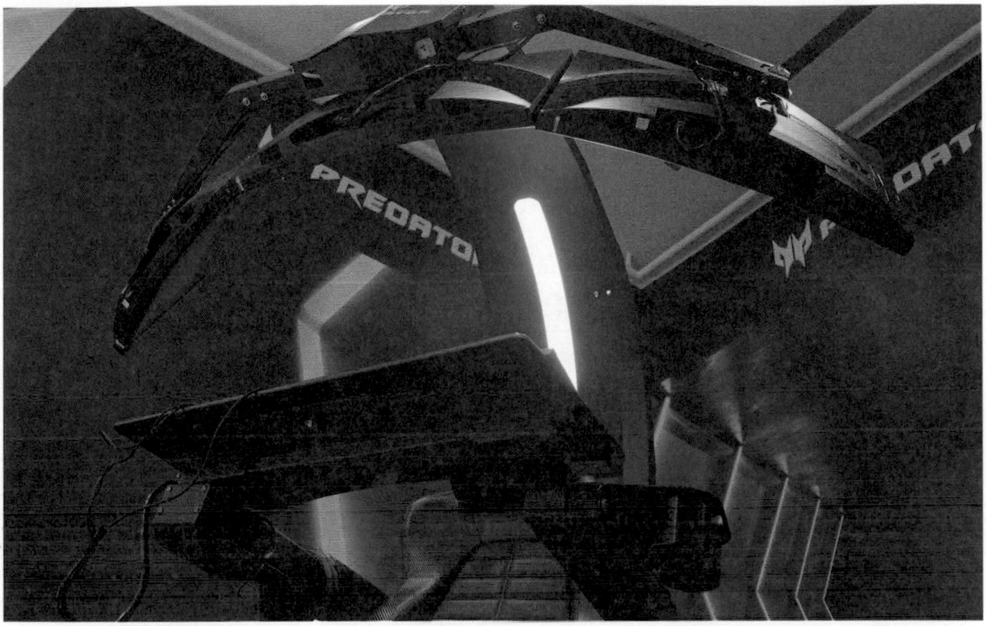

▲宏碁近年進軍電競市場，產品力深受消費者喜愛，還為電競迷打造專屬座艙，滿足使用者感官享受。

域的能力才能整合資源，這個部分，就得借助比較有彈性、活力的小虎隊，或者是外部合作對象來打造。

至於推力，就是年輕人，特別是四十歲以下的世代，他們一踏入社會就用手機、電腦跟世界溝通，我們必須讓這些人加入產業生態系，早從台中市長到交通部長，我就一直在扮演這樣的平台角色，推動青年希望工程、摘星計畫、青年加農、青創夢想家，希望讓這群人群聚，形成共同的投資，甚至線上線下的結合。

擔任台中市長時，我也成立了「大肚山產業創新基金會」，這也是跨域交流，即所謂共學、共創、共好；到了交通部之後，也以產業導入交通科技產業會報，這裡面有十二個小組，領域分布在智慧城市、智慧交通、智慧物流、智慧生活，多都跟宏碁現在從事的市場有關，其實整個社會都因為數位匯流、5G、人工智慧物聯網（AIoT）等應用，都在積極轉型，但一定要以人為本，才不會淪為互相競爭，才能找到共好的共識。

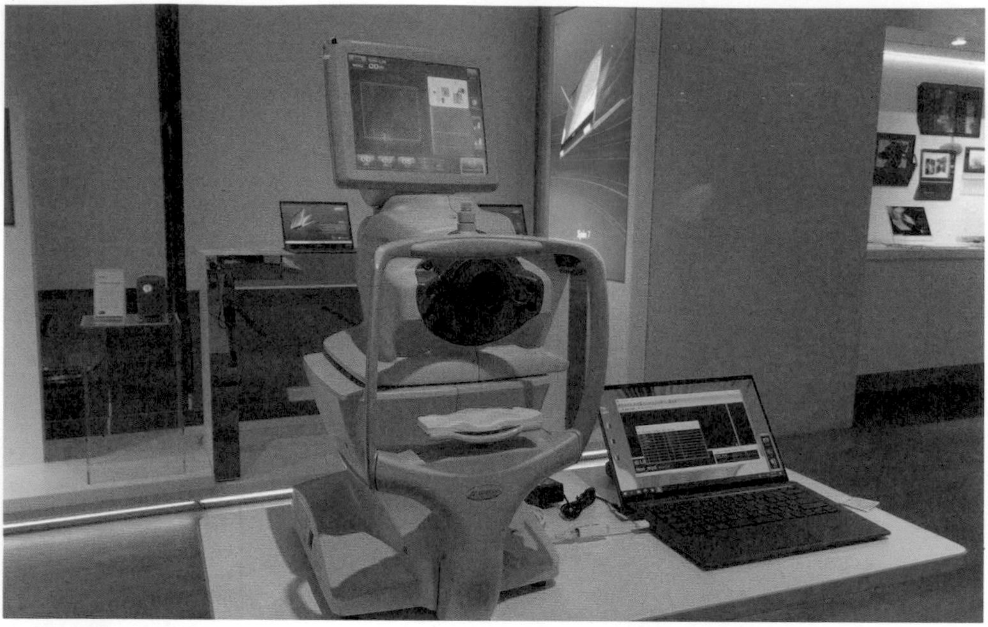

▲ 宏碁集團涉足智慧醫療產業，開發出眼科AI輔助診斷軟體，提供眼科診斷解決方案。

從大趨勢找到微趨勢需求 跨域整合走出新世界

陳俊聖：

其實我們是從兩個角度在看事業的發展，一個是大趨勢（Megatrend），另一個是微趨勢（Microtrend）。大趨勢幫助我們底定策略，在大趨勢下找看微趨勢，抓到屬於中長期的商機。像我們因著電競市場的成功，就發掘另一個微趨勢——創作者市場：根據電競使用者的使用習慣調查，發現有百分之五十的電競玩家除使用電競電腦打電玩外，也同時用於創作，更有高達百分之十五的電競電腦使用者，不打電玩，僅用於創作。為了滿足此一市場需求，我們搶先業界推出創作者ConceptD系列，還搭配他們所在乎的外型設計，一推出，就造成業界品牌相繼跟進，奠定領導地位。

接下來，我們再從電競產品延伸到賣能量飲，還增添葉黃素照顧電競族的「目睭」。創作者市場之後，又繼續顧及戶外工作者——像這一波疫情，使用者更重視抗菌，宏碁就再推出抗菌相關的包包、電腦、鍵盤、滑鼠。

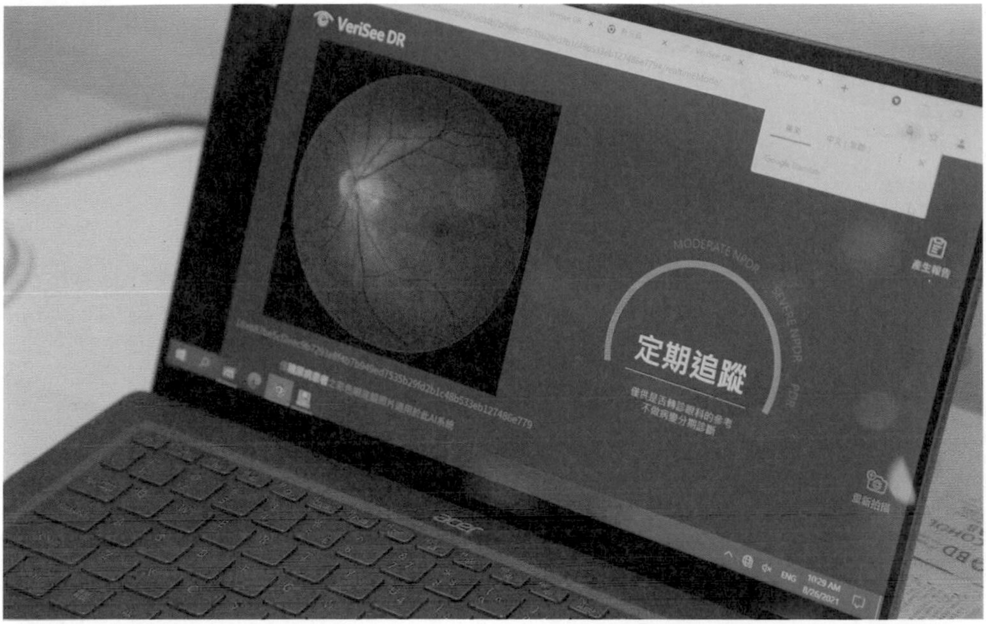

▲ AI輔助診斷軟體主要診斷視網膜病變，透過大數據搜集與分析，診斷準確度破九成。

另外，環保意識抬頭，地球永續這也是一個Megatrend，在這個Megatrend裡，我們今年就推出一款環保筆電，不只是用再生塑料，外包裝也是百分之百回收材質，目前在全球上市，當地接受度非常高，目標客群就是鎖定愛地球一族，對企業來講也是ESG的加分。

企業轉型1+1大於2才能創造新產業

林佳龍：

疫情期間，遠距、零接觸經濟崛起，也將是疫後新常態，宏碁能看到這樣的Megatrend，代表跳開了傳統電子產業思維，同時又能在人本以外加入綠色的生活態度。一家領導型的企業，轉型的過程若能帶出一些新產業，不但共好，還能對未來更好。

以電競來說，我擔任台中市長時也在水湳智慧城設置ACG產業創新研發專區（Anime動畫、Comics漫畫、Games遊戲），就是希望結合軟硬體資源，讓更多中小型創業者有交流平台；我也相當看重智慧交通，看到宏碁發展智慧路邊停車系統，提供的智慧

▲ 因疫情影響，宏碁推出全系列抗菌產品，產品鍍銀離子，能降低病菌附著力。

桿，將資訊看板、智慧照明以及智慧環境監測等加值服務匯集一起，這就是未來的低碳生活，我樂見這樣的產業轉型，它利用整個生態系築巢引鳳，把需求做大。

陳俊聖：

宏碁是一家擁有世界級品牌的公司，在全球擁有一百六十多個國家據點，這麼好且重要的資產，一定要充分發揮。如部長所言，我們鼓勵年輕人創業，並用一至兩個中階主管來帶領這一群年輕人往前衝。因為年輕人創意無窮，但最後無法成形，往往是缺乏資源、缺乏經驗、缺乏關係這三個要素。我相信透過小虎隊的組成，由中階主管把大家凝聚在一起，去想想「還可以再做什麼？」，將可以產生更好的綜效，孵化許多新可能。

我也感到相當幸運，台灣這個蕞爾小島，有非常完整的工業，可在各個不同的領域找到需要的配合廠商，這更是了不起的地方，也是宏碁在轉型的過程，可以扮演獨特領先角色的關鍵。

宏碁基本資料

成立年份	一九七六年
台灣上市年份	一九八八年（股票代號2353）
資本額	新台幣三百〇四億元
二〇二一年營收	新台幣三千一百八十八億四千八百萬元
集團公司數	近兩百家
員工人數	約七千五百人

宏碁經營策略四大方向

一、由PC品牌轉型至「Lifestyle」（生活風格）品牌	推出智慧裝置手環、跨足飲品市場、空氣清淨機、智慧城市解決方案等
二、優化、創新現有事業	針對電競玩家、創作者、教育界及戶外工作者及其他使用需求設計獨特的產品線；並依據市場需求打造抗菌及環保系列產品
三、拓展到嶄新領域，培育多元事業引擎	包含醫療、公共衛生系統、空氣監測、智慧城市、水質及水務等，經由不同研發領域，推出更多元解決方案
四、ESG	宏碁為RE100成員，共同提倡再生能源，並在環境、社會及治理方面獲得肯定，名列多項全球永續發展指標。

預見大未來

精彩影片掃描　智慧科技系列

智能生活品牌開創者——宏碁

監製　大肚山產業創新基金會
製作　鑫傳國際多媒體科技

【未來科技・現場直擊】

沉浸式的電競體驗　生活育樂的新樣貌、新態度

多螢幕的天堂、不斷線的遊戲世界、人體工學的座椅與踏板設計，哇！只要按一下鈕，還有專業級的按摩享受，旁邊還擺放著含有葉黃素的能量飲料，隨時給力。

這次來到宏碁，我成了電競玩家，一邊開著賽車，碰撞聲不時從椅子後跑出來，身歷其境般的立體感，加上沉浸如繭包覆著的座艙空間，還有3D裸視，不須借助任何載具，就能以三百六十度直接跟螢幕互動，真是非常驚豔。

其實，電競不只是比賽選手的事，它是一個全民運動，產值並不小。在這裡，我看到的宏碁，不只是一種品牌，也是生活育樂的新樣貌與新態度。

這次也親眼見識到宏碁在智慧交通的布局，特別是智匯桿；這是第二代的智慧停車柱，不僅提供計費服務，還能結合充電、環境監測，連天氣資訊都有，諸如開車需要的各式訊息，全整合在一個停車柱，未來也會透過AI分析數據，讓停車更便利，這就是我很期待的智慧生活。看來，宏碁這個品牌價值，不只是企業的，也是台灣全民的。

整個參訪過程，我還看到他們對疫後生活的超前部署，筆電、顯示器都有抗菌系列，也為消費者提供具有抗菌作用的公事包、外出包，甚至推出了具備高氧力的超氧抑菌機，還捐了數台給印度當地醫院，獲得不錯迴響，等於為台灣在全球防疫做出一大貢獻。

面對疫後生活，宏碁回歸永續環保，我摸著全世界第一台以回收材質做的電腦，一邊深思：台灣不是大國，但或許可以靠著科技實力，透過循環經濟串起

供應鏈找到新商機，這也是一家企業品牌永續價值的提升。

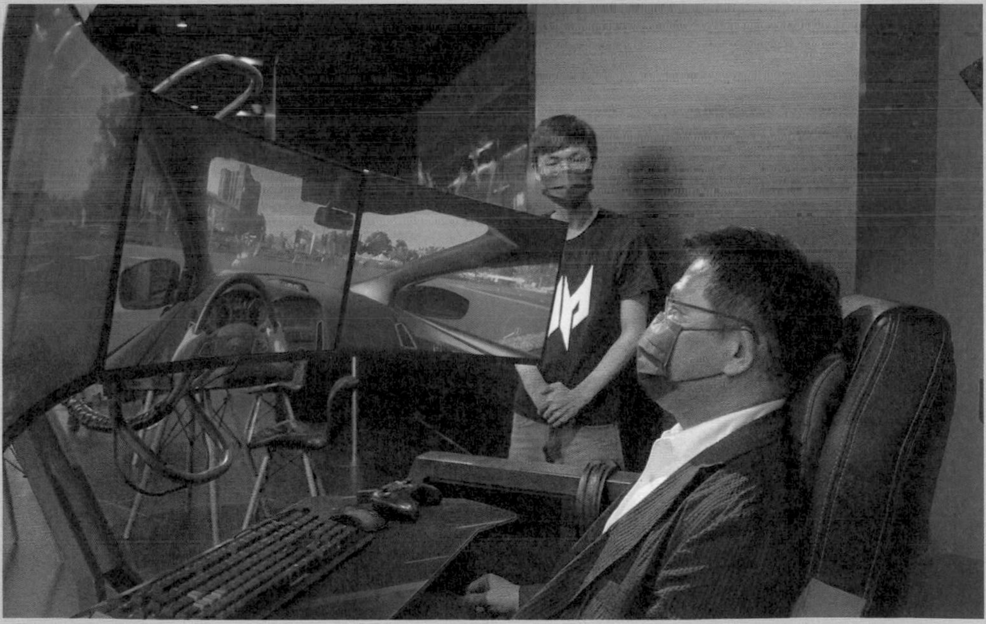

▲ 電競座艙有多螢幕，還結合按摩椅，宏碁期望在電競圈開創出領先的生活品牌。

▲ 宏碁推出3D裸視技術創作者電腦，滿足專業影像創作者的需求，栩栩如生的圖像，讓部長林佳龍看得目不轉睛。

▲ 透過創作者視角，螢幕中的物件能極擬真立體呈現，創作者可精準調整作品細節。

▲ 宏碁智匯桿能集結資訊與支付功能，實現智慧交通，帶給使用者更便利的使用體驗。

▲ 超氧離子水能殺菌，可減緩疫情擴散，宏碁將此產品推向印度市場。

友達光電

面子裡子兼備！友達「雙軸轉型」驅動智慧生活新未來

隨著5G、物聯網及AI等新科技的興起，顯示器扮演著智慧生活不可或缺的人機互動介面，瞄準此一趨勢，以面板為核心事業的友達，啟動雙軸轉型計畫，以Go Premium和Go Vertical兩大軸心，朝向顯示技術升級高附加價值和深化垂直市場應用兩大策略方向，企圖用腦子扳回面子，讓顯示器跳脫大家印象中的「面子工程」，轉而深入更多元化、客製化的產業解決方案。

友達以智慧醫療、零售、育樂、交通為應用場域，加上自身能量最大的智慧製造，在商用、工控、車用市場提供以顯示器為核心的整合解決方案，並已拿下全球車用面板市場第二大。這一步步建構完整的生態圈，不但讓公司轉虧為盈，二〇二一年營收一舉突破一百億美元，超過三千億新台幣，此一成果也帶出了台灣智慧面板新未來，透過前交通部長林佳龍與友達科技董事長彭双浪的深度對談，一起體會這一股眼球革命的創新改變。

突破重圍價值轉型
瞄準自駕車商機創造無限可能

彭双浪：

大家都知道，顯示器又叫面子工程，所有你看得到的電子設備，若要跟你互動，一定要透過這種人機

▲ 友達光電是全球光電解決方案領導廠商，節目邀請董事長彭双浪來分享顯示科技的智慧應用。

介面溝通。

友達在顯示器產業，尤其是LCD面板，已有二十五年的經驗，而過去十幾年來，因為國際形勢轉變，尤其大陸以人為的干擾的因素，挾著國家政府資源，讓面板產業陷入激烈競爭。然而，危機就是轉機，從七、八年前起，我們開始進行價值轉型，除了消費型的產品，開始轉朝商業、工業、車用等客製化、高技術門檻且具高附加價值的市場，投入非常多的研發。

以車用市場而言，友達目前是全球車用面板市場第一名，也在挑戰第一名的地位，我們觀察，未來車子的型態正在改變中，尤其電動車跟自駕車的出現，它已經不是一台車，而是一個「交通服務」。

想像一下，未來當大家在乘車時，雙手若能被釋放，我們能在車內做的事情會多很多，除了單純到達目的地之外，以後可在車上學習、工作、娛樂。我樂觀期待，現在大家看慣的車子顯示器，可能只應用在中控台或駕駛艙，但未來不管後照鏡也好，或者娛樂系統，甚至車頂、車窗都可以是顯示器的應用範圍。

另外，自駕車的出現，也會改變車子的服務型態，「過去要擁有，以後是分享。」對於自動駕駛或者分享經濟的需求，將會越來越高。

有些人會說，這樣的情況下，車子銷量是否會減少？不一定，因為這些不同的服務型態，反而是讓更多沒有能力用車的人來使用，包含小朋友、老人，他們都可以接受到未來的移動服務，所以我認為，車子對顯示器的需求，未來是非常非常大的。

台灣有非常好的地理條件，光一輛電動車，在台灣，從台北到台中一百多公里內，就有近乎完整的產業鏈，這也是為什麼，像特斯拉發展電動車，就找上台灣，這代表台灣從零組件、資通訊（ICT）相關的系統發展都非常成熟。

過去大家會講，這是隱形冠軍，但這只是把自己做到最好，缺乏把產業集合起來的應用，現在汽車從燃料車到電動車的改變，就帶出了新的應用創新，甚至連結面板，可說是一整個產業鏈的改變。電動車就是一部大電腦，有異業的結合，加上政府政策的指導，將讓我們更容易在這個市場占有一席之地。

▲ 友達光電董事長彭双浪也在節目中分享企業綠色轉型與管理，並分享企業ESG執行成果。

電動車高附加價值　開放式實驗場域推波助瀾

林佳龍：

不管是自駕車或電動車，未來車會是台灣另外一座可能的護國神山，串出新的產業供應鏈。

我太太的家族背景是奇美，相當了解這二十多年來國內面板產業的起伏，看到友達的轉型，真的很高興。

首先，面板是眼球產業，眼睛一張開就想看東西，這就是商機，如今的車子，從中控台、儀表板到後視鏡，都能整合成一個系統，以前，個別用零組件的概念賣不太值錢，還得削價競爭，現在是整個系統。

我常常用双浪兄的「Go Vertical，Go Premium」形容面板產業的升級，特別是智慧電動車，面板絕對是不可或缺的關鍵，過去的手機、電腦產品，比較不受政府的法令規管，但智慧電動車涉及交通安全，政府將扮演重要推力。

我在交通部長期間，已針對電動巴士提出智慧電動大客車的示範計畫，擬在十年內，透過大型實驗場域及標準認證，讓大家練兵，像在淡海新市鎮，我就把5G跟智慧電動車打造成人車路的雲聯網，我相信對業者而言，這是很寶貴的資源，若能推動面板轉型成功，也是台灣的福氣。

拚AI育才　從反應式人才轉向預作式人才

彭双浪：

企業轉型的過程，得更重視育才，五六年前，友達開始推動智慧製造，大量送員工進行AI培訓，二〇一八年，AI人工智慧學校成立，友達也是六家發起企業之一，我們派出近千位的經理人前往學校受訓，結束後透過友達大學，在內部成立未來學院，每年召開趨勢論壇，定期舉辦專業講堂，讓同仁慢慢熟悉AI工具與使用環境，並跟其他的大學合作，讓AI技術的應用遍地開花。

這些培育過程，希望讓面板產業的人才，從過去的反應式製造，朝向預作式分析，透過大數據分析，同仁將能優化生產力品質。

像友達台中廠，今年就獲得世界經濟論壇WEF

▲ 顯示科技將會整合豐富資訊，提供人們更方便的使用方式，車用面板將強調人機介面互動體驗。

（World Economic Forum）評選為「全球燈塔工廠」（Global Lighthouse Network），這項榮譽，顯示友達在智慧製造已獲得肯定，也賦予綠色生產、永續經營的成功轉型，也是友達引領其他企業邁向智慧製造的重大里程碑。

整合傳產與AI　打造國家科技隊

林佳龍：

人才需要有好的環境，台中是傳統產業的故鄉，過去我們說，黑手出老闆，現在隨著台中科學園區的成形，帶來更多科技人才，下一步就是將傳產跟AI技術做出最佳整合，比如說把精密機械跟電子結合。

人才的培養，一定要從學校端開始，除了技職教育要接上產業的需求，大學端也要提供更多產學合作機會，讓人才感覺有未來。

我到交通部後，就推動十二大交通科技產業會報，其中特別重視人才培育，比如說軌道國家隊，我們有R-team，就是Rail-team，台北也有，高雄也有，傳統上，軌道是很封閉的運輸系統，但在智慧運輸

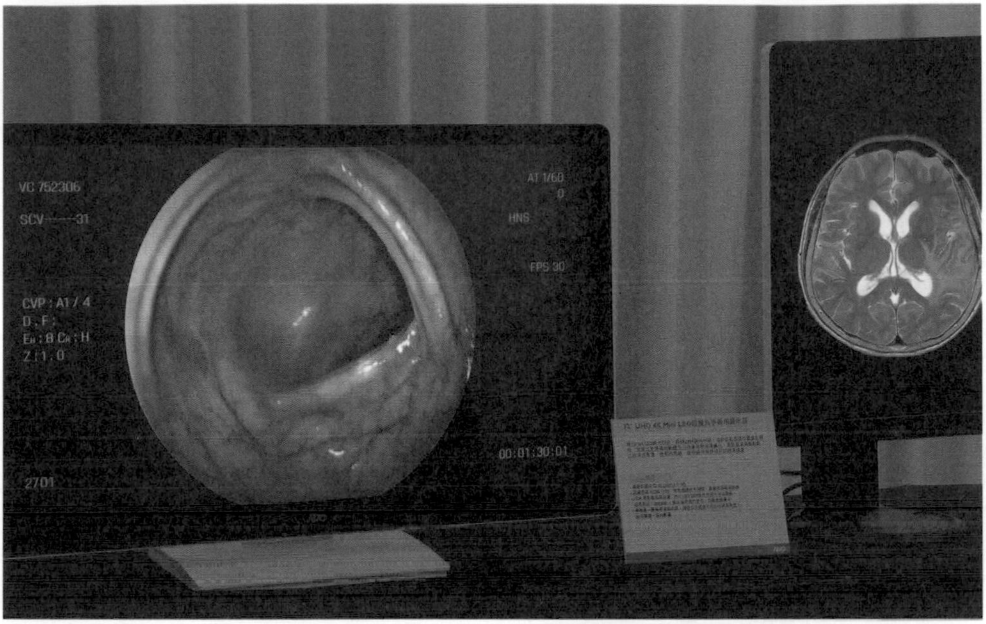

▲ 友達光電也開發醫療用面板，高解析度螢幕能清楚顯示病人患部，提高診斷判讀。

裡，將有非常多的系統整合，更需要軟體人才，這些機電或相關的系統整合技術，過去常受制於外商，一定要自組國家隊，才將打造屬於自己產業的一片天。

有了國家隊，將能加速未來5G或智慧交通實驗場域的發展。以5G來說，如果結合成國家隊，可以在5G頻譜的釋照下加速商轉的應用。但我也想強調，實戰才是關鍵。所謂的實驗場域，最後都要能上戰場打仗，企業不可能一直編預算只做實驗，如何變成真正的商品，最後一里路，政府跟民間一起來努力！

面對改變　創造更高價值需求

彭双浪：

危機永遠都是轉機。我們的思維，總習慣批評哪些東西沒做好，然而，換個角度，這往往也隱含著商機。站在產業界的立場，我想分享一個觀念：世界一直都在變，領先者最怕的是遊戲規則改變，但在台灣，每一次的大改變，業者總是跟得很快。其實我們這一代在創業的過程，就很清楚世界一直在改變的道理，也勇於面對改變。

▲ 友達光電的軟性晶片技術將晶片做到最小化，可用於產品包裝，可數位化管理產品資訊。

我們必須更清楚地讓下一代知道，他們正面對一個未來十年到二十年的黃金機遇期。台灣科技的基礎非常紮實，這絕對是優勢，千萬別限縮了自己，一定要從這個優勢去創造無限可能，以更高的價值，對人類做出最大的貢獻。

預見大未來

精彩影片掃描

智慧科技系列

人機介面互動整合者——友達

監製 大肚山產業創新基金會

製作 鑫傳國際多媒體科技

【未來科技．現場直擊】

整座城市都是博物館
用最大面板呈現最精緻細膩的世界

一踏入友達總部，映入眼簾的，是來自奇美博物館收藏的經典畫作，第一時間以為是真實的複製畫，直到畫面動態輪播，才驚覺是顯示器，簡直嘆為觀止！

我一邊驚豔著，彭董事長一邊告訴我，這是友達與奇美博物館合作，結合最新顯示技術和藝術的應用。照理說，面板是玻璃，一有光線就會反光，但友達透過ART（Advanced Reflectionless Technology，先進抗反光技術），在特殊表面的結構改變反光方向，有效降低如窗光的直射干擾，難怪，環境明明很亮，還是有這麼高的影像品質。

我看著畫作一筆一觸，包括畫布的紋理都好細緻清楚，猶如置身在博物館般的零距離體驗，可以想像，未來整座城市都可以是一間博物館。

走進下一個空間，一台大至一百四十六吋的Micro LED映入眼簾，一般電視都沒這麼大，一靠近頭還有點暈，高亮度、精細度還有顏色對比度，非常適合用在戰情中心、指揮中心、調度中心甚至太空中心。

如果，奇美博物館和友達顯示技術的結合，讓台灣人通往世界藝術，那這台LED電視牆畫面精細度，就是以最大的面板呈現最微觀的世界視角。觀光局也可以藉此將台灣絢麗的景致推到國外，用台灣的科技實力，展現台灣風貌。

更酷的還有，全球唯一整合於OLED面板下、感應面積達二點九吋的LTPS TFT光學式超薄型指紋感測器。現在的金融交易需要指紋辨識，透過單指指紋進行身分驗證，已不敷防偽所需；而多指的指紋辨識則可大幅提升金融交易的安全性。

友達還推出了全球第一款採用Flexible Ultra-LTPS技術的可撓式塑料NFC標籤，可撓式特性特別適用於智慧型食品及藥品，聽彭董事長說，全球包裝市場一年規模高達十八兆台幣，透過手機感應NFC標籤，可以有效防止仿冒品，是智慧零售場域的利器。

實際走一遭，體驗一系列高客製化、多元場域的新應用，我也看見友達的企圖心，從純面板的供應商，成為結合AIoT解決方案的系統廠，這樣的轉型，也讓人類的生活更智慧、更便利。

友達基本資料

成立年份	一九九六年
台灣上市年份	二〇〇〇年（股票代號2409）
資本額	新台幣九百六十二億元
二〇二一年營收	新台幣三千七百〇六億九千萬元
員工人數	約三萬八千人

▲ 友達光電A.R.T顯示技術高擬真不反光，名畫筆觸顯示清晰，人物栩栩如生，令觀者驚嘆。

▲ 友達光電Micro LED技術能達到面板高亮度、高對比效果，可於室內外使用。

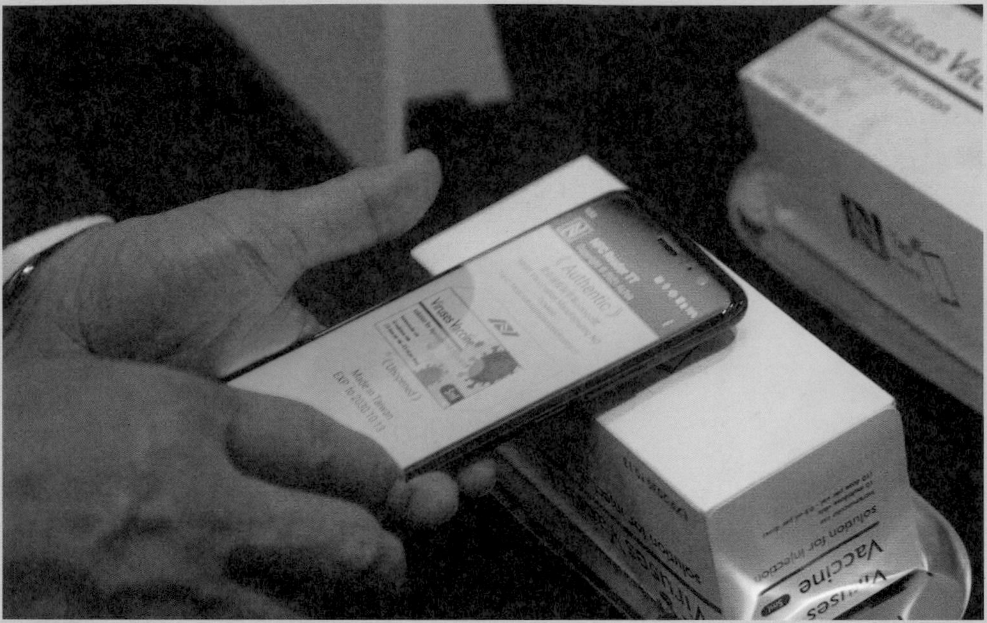

▲ 使用者可透過手機近距離無線通訊（NFC）感應軟性晶片，快速獲得商品資訊。

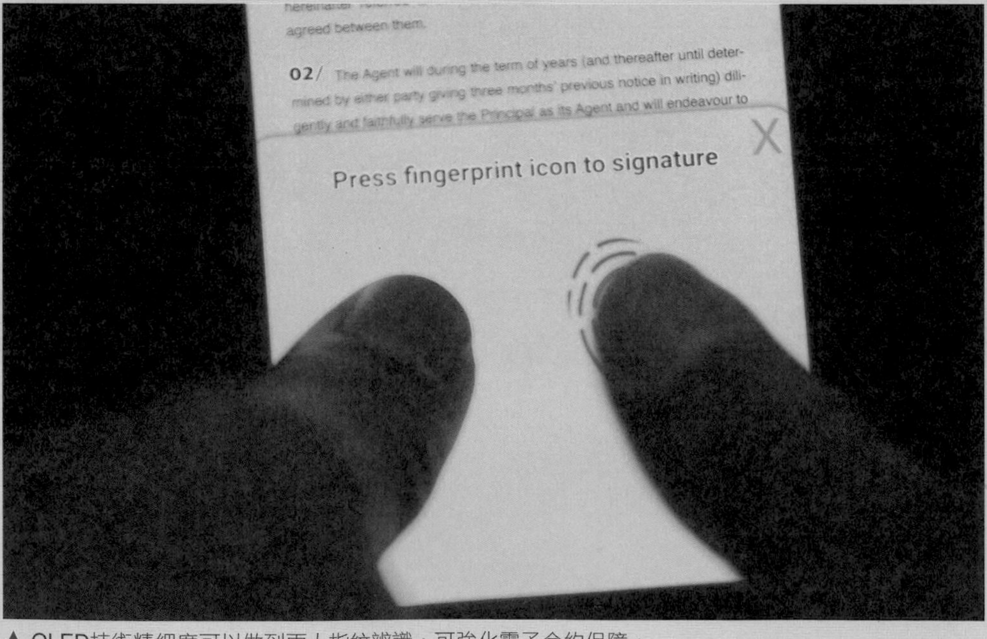

▲ OLED技術精細度可以做到兩人指紋辨識，可強化電子合約保障。

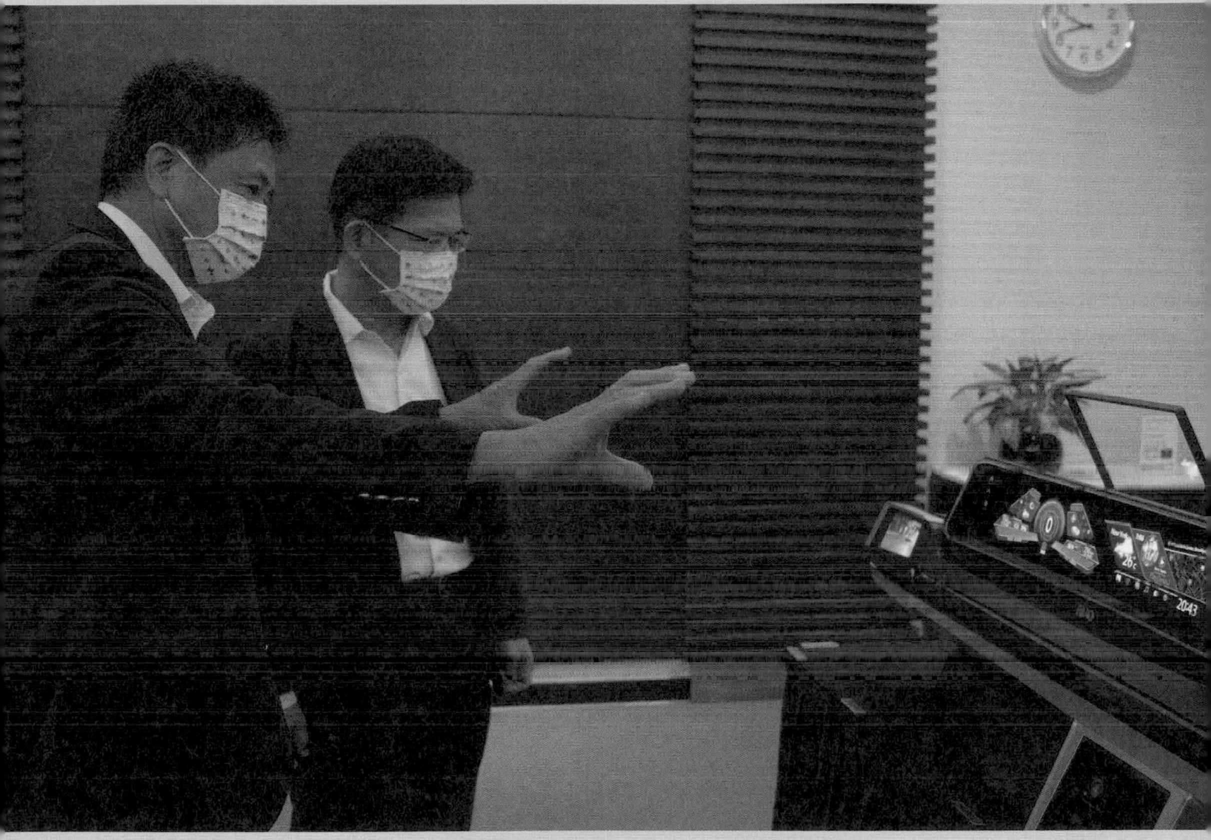

▲ 友達光電積極布局電動車市場，提供車用面板解決方案，打入電動車產業鏈。

Qisda

佳世達

聯合艦隊啟航
佳世達引領台灣邁向智慧醫療加值轉型

新冠肺炎引發全球醫療高度需求，從生產液晶監視器起家的佳世達，挾著軟硬體、網通技術整合優勢，透過併購，集團現已有一百九十家以上成員，並一步步地從醫院、醫療服務、設備醫材、血液透析多元布局形成醫療艦隊，醫療事業群營收二〇二一年成長目標四成，帶動集團整體營收突破二千二百億元。

佳世達成功融合「醫療」與「電子」這二個台灣最多人才薈萃的領域，成為全台唯一擁有醫療場域的資通訊大廠，不僅是推動科技轉型成功的企業典範，多年來所打造的聯合艦隊平台，能讓更多有實力的精密機械業共襄盛舉，有機會成為台灣在智慧醫療的新護國群山。這一次，就讓我們透過前交通部長林佳龍與佳世達董事長陳其宏的多面向深度對談，為未來科技勾勒智慧醫療的創新應用，預見醫療航空母艦的未來航道，領先掌握商機

擺脫代工思維，切入終端通路為醫療轉型加值

陳其宏：

身為一個資通訊業者，從醫院端到所有智慧醫療相關的應用，「佳世達都是領頭羊。」台灣擁有最好的醫師、最好的醫院服務水準，再加上全民健保制度，提供了一個高附加價值轉型的優質環境，早從二〇〇六年，佳世達就瞄準這一點，以「通路先行」戰

▲ 佳世達集團打造高附加價值的醫療事業群，科技特派員林佳龍與董事長陳其宏的關鍵對話，洞悉台灣醫療產業發展。

略，率先跨入醫療產業最下游——醫院的建置，至今在蘇州、南京有兩家醫院，更計畫前進東南亞。

低毛利的電子代工市場追求量大、規模經濟，跟精緻的醫療服務模式大不同。據統計，全台灣有一千六百多家醫療器材公司，一年產值一千一百七十餘億元，光這樣的營收就能提供百分之三十一點五的毛利水準，「我們很清楚，台灣醫療服務不差，更是以人為本的服務，在醫療產業，不能純粹只想著做好產品本身。」

這也是為什麼佳世達要透過醫院的經營，從科技角色跨入到終端市場，「科技人可能不懂醫療，沒辦法跟醫師講相同的語言，但我們挑了一個最難的方式切入，才能從這個通路理解所有的醫療器材如何被醫師採用。」

併購組聯合艦隊，為台灣中小企業整合資源共創獲利

林佳龍：

其宏兄的布局策略，我相當認同。「佳世達是

▲ 佳世達集團董事長陳其宏從資通訊產業轉型，以「通路先行」概念，併購醫療產業上下游廠商，打造醫療艦隊。

全台唯一擁有醫療場域的ICT業者。」電子代工業者過去總被形容「毛三到四」（毛利率百分之三至四），但佳世達卻能跳出框架，用併購組成聯合艦隊。其實，這就是一個平台經濟，它讓相關業者都可以加入，這也是台灣電子業未來要走的路。

我本身也是台中大肚山產業創新基金會榮譽董事長，長期關注台中精密業的發展。佳世達積極投入研發，醫療旗艦隊也會是中部精密機械業的大好機會，因為精準醫療需要AI數據、相關輔具等技術，精密機械業都能參與，進而共同創造產值與提升獲利。

我過去擔任交通部長政務官的經驗，點出台灣中小企業在大環境的挑戰及機會，美中貿易戰後，全球化市場將走入G2雙標，台灣中小企業多，研發資源有限的前提，要適應接下來的新格局，佳世達模式絕對可行；「先整合，再分工，透過供應鏈的重組凝聚產業聚落，讓上、中、下游各就各位。」

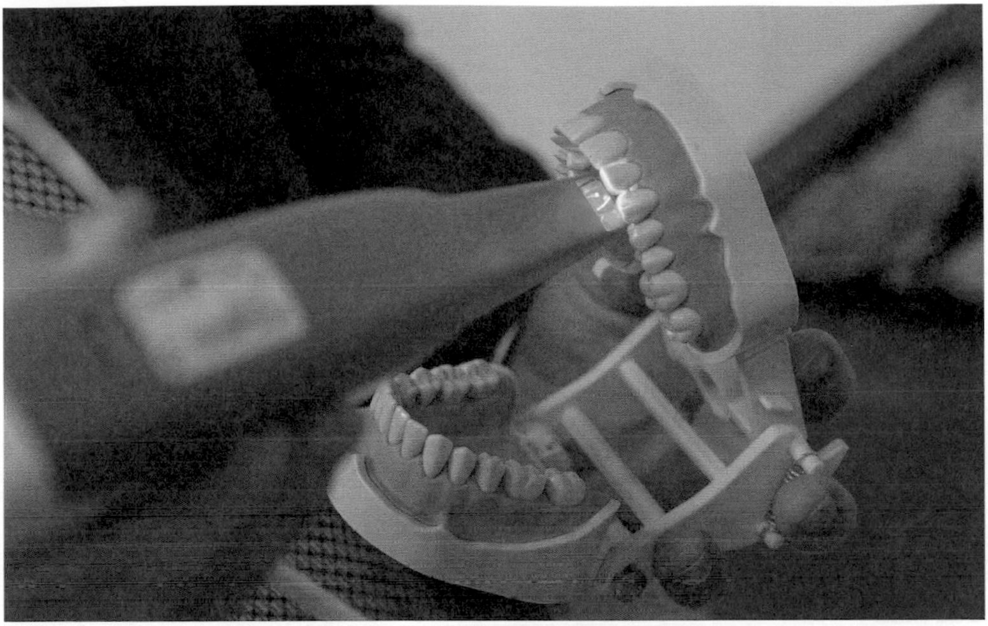

▲「數位口掃機」以主動式三角測量的方式，可快速記錄口腔的立體影像。

從萌芽到邁入收成，十五年時間以破壞式創新找新路

陳其宏：

佳世達目前在醫療事業跨入「醫療服務」、「血液透析」、「影像」、「設備」、「耗材」、「口腔」、「聽力」、「醫美」等領域，走進展示間，集團花了十五年所開發的醫療解決方案多樣齊全，像是：可攜式超音波、數位口內掃描機、嵌有無影燈的智慧手術室iQOR，醫師在開刀時不但不必擔心被光影遮住，還可即時影像傳輸，提供線上臨床教學，也可把患者病歷數位整合，作為開刀過程同步評估。

這些產品背後的關鍵思維在「差異化」，「我們不是為了做醫療而做醫療。」以超音波為例，一般去醫院照超音波，多半要排隊排很久，一台超音波動輒幾百萬甚至上千萬，但可攜式超音波的應用，是希望讓每一位醫師人手一台，每一個診間都有一台，藉由改變醫療服務的生態，才能提升檢查以及診斷品質，進而減少不必要的醫療糾紛。

又例如植牙，透過數位化口內掃描機，不用做傳統齒模，每個患者的口腔內模不同，只要輸入參數用電腦計算，再用3D列印就能輸出植牙導板，數位化的真正好處是本來一天可能只能做一個，現在可以做五六個，植牙效率也提高，因為不需要等齒模，一天植牙非夢事，將大幅改變牙科生態。

佳世達在智慧醫療的差異化，就是一種破壞式創新，不可否認，台灣的系統組裝對全世界仍是重要角色，但毛利越來越低，外部環境壓迫內部一定得改變。「不是說代工不好，而是代工到底是做在哪一個區塊。」舉半導體為例，台積電可以變成是台灣護國神山，顯然把代工提升到品牌層次，身為系統組裝的業者，勢必要投入高附加價值產業轉型，不能再只做原來低附加價值的工作。

林佳龍：

看到佳世達的蛻變，深切地理解「結盟，就能壯大」，我們台灣代工製造業者在轉型之路具有優勢，因為有具規模的實驗場域，「我們的內循環經濟，提供了練兵好機會，只要在台灣可以成功，就可以大量輸出到世界。」不只在智慧醫療，目前政府推動的5+2產業創新、六大核心戰略產業，都可循此模式，為台灣找到新契機。

新冠疫情成助力 C-TECH平台加速智慧醫療整合

陳其宏：

十五年的時間，對佳世達來說，說長不短，卻是國內經營醫療領域最深的電子大廠，這波新冠疫情無預警來襲，更成了集團的助力，南京、蘇州的兩家醫院，因先導入互聯網，不但降低了醫病接觸感染，也充分落實科技在醫療服務的管理成效。我們旗下醫院可透過APP提供線上視訊諮詢複診，「從APP裡面填寫問答，醫師就會給你初步建議，減少不必要的來院，倘若得跑一趟醫院，也因為資訊的串連，提高診斷效率；在收治量能方面，醫院更設有智慧監控有效管理病床、病患安排，「利用戰情牆，把所有的醫院急診患者、空床、出院等情況統統放進來。」

因為Covid-19，智慧化醫院的需求腳步加快了，尤其台灣醫療產值仍低，疫後引發的量能可期，佳世

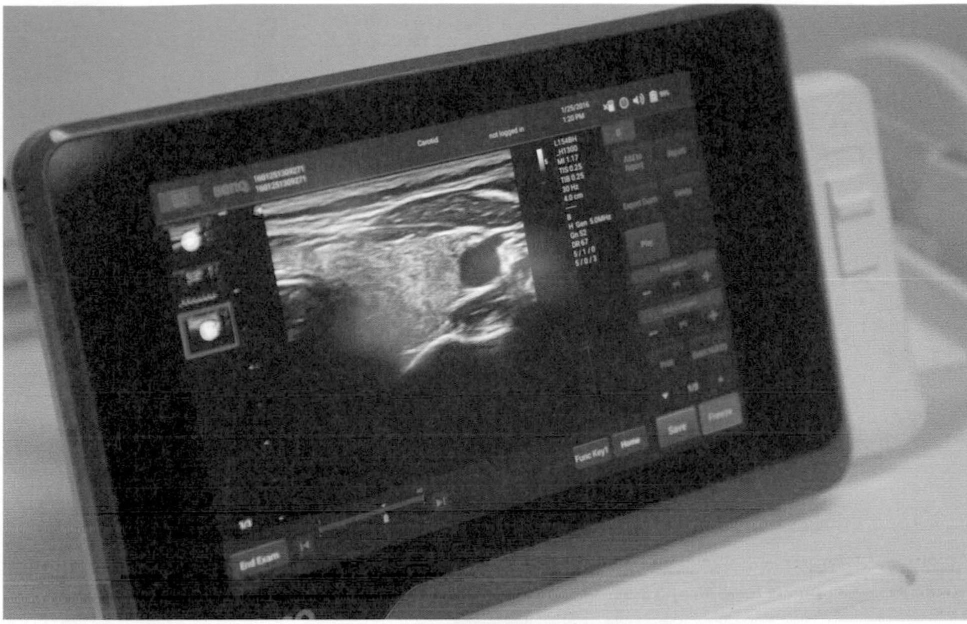

▲「可攜式超音波」以醫師白袍口袋大小設計，佳世達希望醫護人員可人手一台，提升醫療診斷品質。

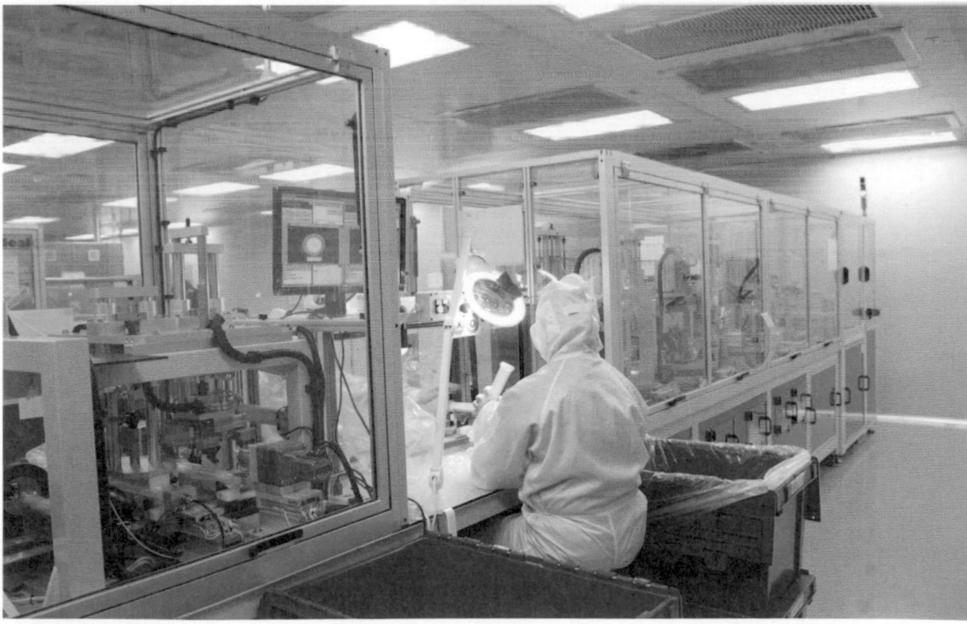

▲ 佳世達集團打造全台唯一人工腎臟製造工廠，可年產能二百二十萬支人工腎臟。

達有義務，也有責任，以大艦隊長的角色，幫台灣建立一個國家級的醫療航空母艦，透過醫療的一體化解決方案，先推廣到華人世界，之後到東南亞甚至到全世界，「這也是我們大艦隊一個很清楚的目標。」

林佳龍：

台灣科技和醫療業的成就有目共睹，科技防疫會是台灣科技業在智慧醫療的新商機，我目前推動的「C-TECH科技防疫網」，也企圖從政策面導入，以疫情、疫調、健保、疫苗等主軸，促成ICT業者整合成平台，若用「5X5矩陣」理論說明，業者可從預防、追蹤、隔離、治療到關懷等各面向導入，而藉由佳世達這樣的母艦帶頭，勢必可引出更多周邊護衛艦或隱形冠軍的潛水艇，醫療是軟實力的，科技是硬實力，軟、硬結合，可望為台灣打造下一個護國群山，將台灣醫療能量擴散到全世界。

佳世達基本資料

成立年份	一九八四年
台灣上市年份	一九九六年（股票代號2352）
資本額	新台幣一百九十七億元
二〇二一年營收	新台幣兩千兩百五十九億七千四百萬元
集團公司數	一百九十四家
員工人數	三萬三千人

預見大未來

精彩影片掃描

智慧科技系列

智慧醫療艦隊啟航者——佳世達

監製 大肚山產業創新基金會

製作 鑫傳國際多媒體科技

【未來科技・現場直擊】

MIT醫材開箱

——全台灣唯一血液透析製造工廠亮相

八吋手機螢幕大小的「超音波」，可接上不同器官的對應探頭；電動牙刷般的口內掃描機，五分鐘就能建立牙齒牙齦3D影像；手術中可即時秀出影像與病患生理數字的「無影燈」，不用擔心開刀有陰影。我對佳世達的印象，多停留在電子產品的組裝，親自走訪一趟後，簡直大開眼界，一邊體驗看到最後，竟有一間全台唯一血液透析製造工廠，連洗腎機都是自主研發，也是全台第一。

當陳其宏董事長告訴我，這間透析製造工廠，是華人世界唯一可以從頭做到尾的一條龍生產鏈時，我真的很驕傲，台灣洗腎人口全球第一，這也是患者一大福音。

在國內，洗腎機或耗材多半從國外代理，而佳世達從洗腎機、透析器、透析液／粉、迴路管、廔管軟針等八大環節，透過艦隊成員合力包下，徹底發揮MIT在醫材的研發實力，以俗稱「人工腎臟」的透析器為例，從灌膠、裁切、測試，須歷經多達八十多道製程才量產，一名腎友一週洗腎三次，一年約需一千萬支，佳世達已可年產二百二十萬支。

這種一站式的解決方案，不只落實在透析領域，「iQOR智慧手術情境室」也令我印象深刻，裡面除了結合即時攝影的無影燈，佳世達利用軟體管理，讓手術前、中、後都可透過手機或平板監控，如此一來，手術過程不同階段的負責醫師，就不須擠在同一空間以致手忙腳亂，提升手術效率的同時，也增進了手術品質。

「實現科技生活的真善美」，這是我剛走入佳世達，第一個映入眼簾的公司願景。原來，他們已一步一腳印地前進中。我也相信，這會是台灣未來科技另一個新界碑。

■ 佳世達經營策略四大方向

優化現有事業經營	資通產品（顯示器、投影機、車載應用等）
快速擴大醫療事業	醫療服務、器材、耗材
佈局5G網通事業	融合有線無線的全方位寬頻網路服務
加速解決方案開發	智慧解決方案（醫療、製造、零售、能源、企業、教育等）

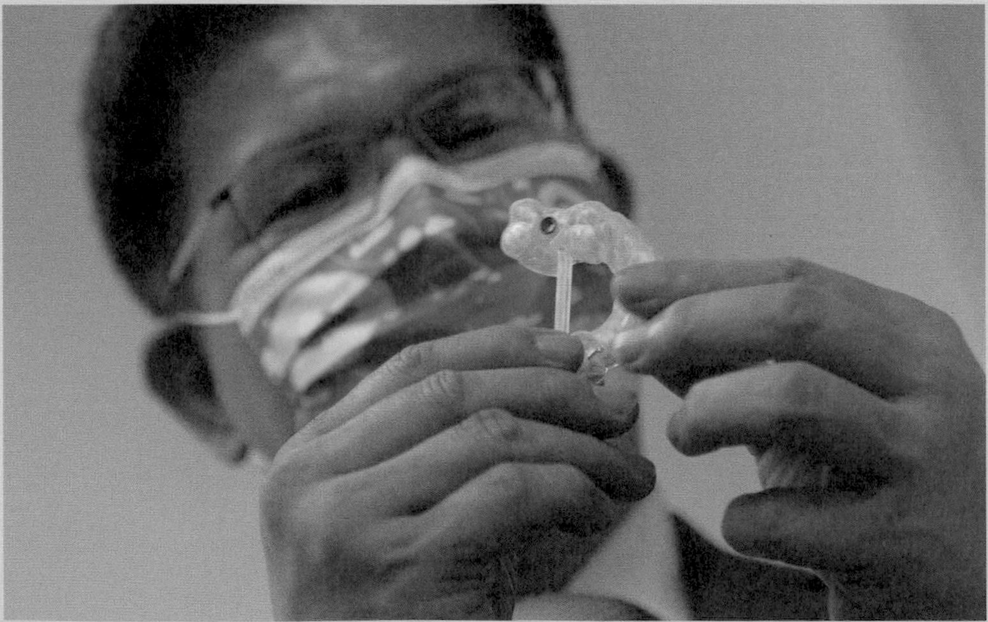

▲ 數位牙科解決方案可快速建立齒模，並製作手術導板，提供精準治療。

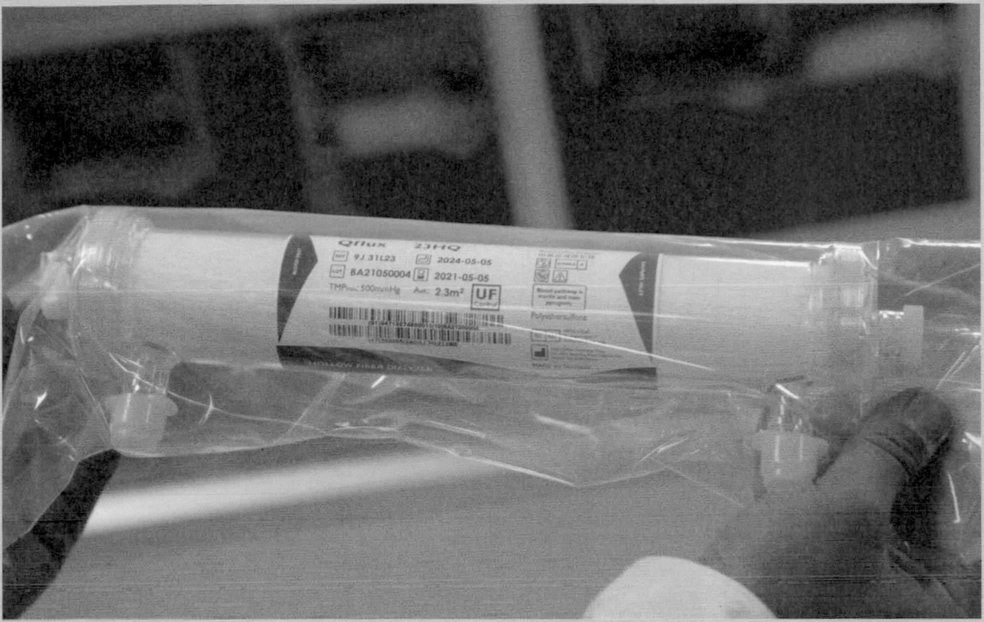

▲ 人工腎臟良率100%，上海廠未來產能將擴增至五千萬支。

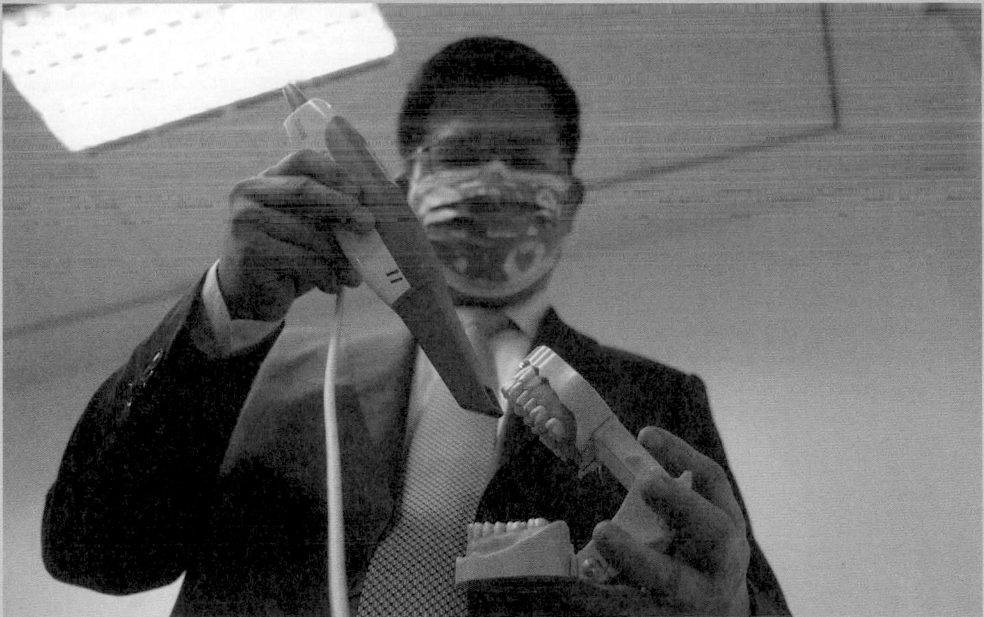

▲「數位口掃機」是數位牙科解決方案的一環，加速牙科療程。

▲ 佳世達集團挾著軟硬體技術整合優勢，透過併購，集團現已有一百九十家以上成員。

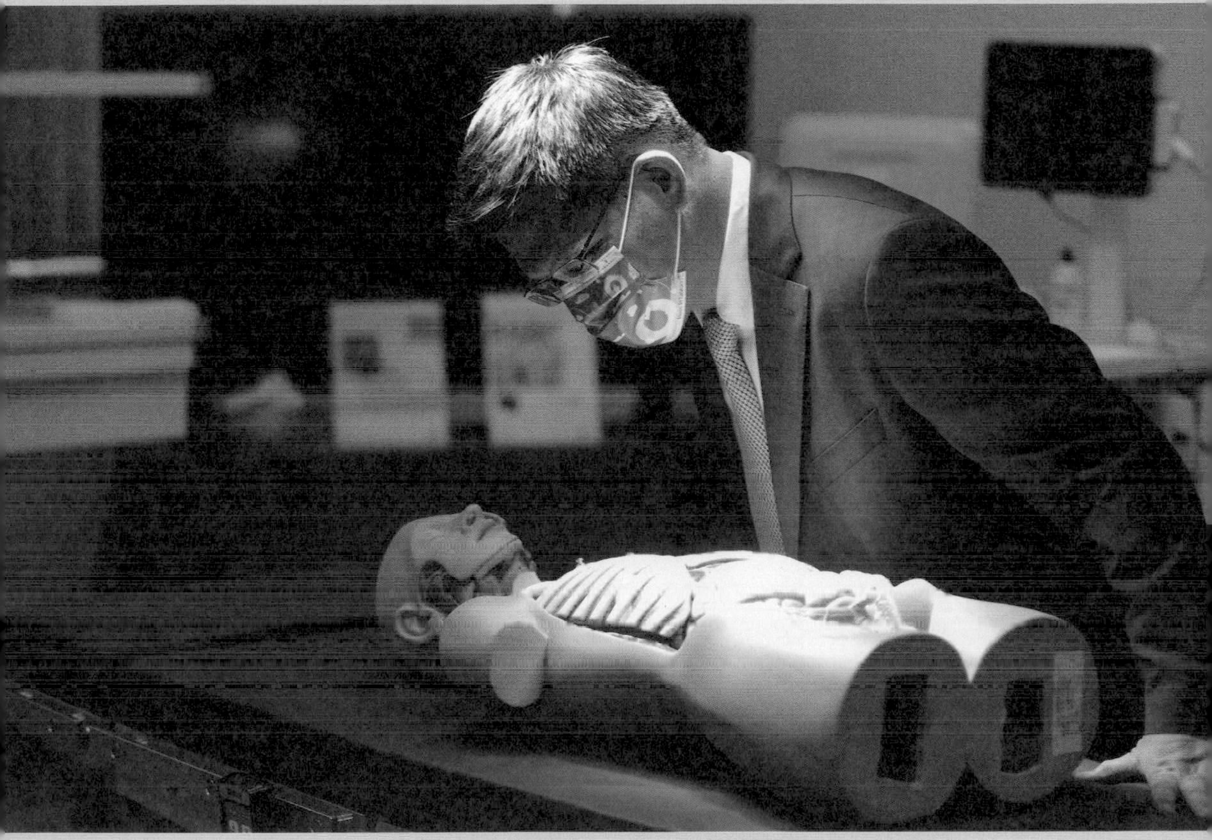
▲ 佳世達集團推出的手術燈，提供醫師手術時的清楚照明且無殘影，提高手術精準度。

研華科技

AIoT數位轉型驅動者
研華躋身全方位工業物聯網領導大廠

以生產工業電腦起家的研華科技，迄今不僅是全球工業電腦領導大廠，也是智慧製造具代表性典範。因應數位時代來臨，研華率先整合軟硬體，跨入行業應用服務市場，並以「共創」理念，協助客戶數位轉型，同時積極找尋上下游廠商投資機會，全面打造應用與產業互聯互通的全新AIoT服務生態系，加速向AIoT產業靠攏。

工業電腦屬於利基、小眾市場，二〇二〇年研華科技合併營收為新台幣五百一十一億元，年營業額不算大，但市值卻直逼近三千億元，市值營收比維持在高檔，表示投資人願意付出更高代價買入研華每一塊錢的營業額，無疑是看中公司未來的高成長潛力。研華如何透過推動智慧製造，成功跨界串連，並結合創新服務力促垂直應用落地？透過前交通部長林佳龍與研華科技董事長劉克振的深度對談，一起領略AIoT生態系的數位轉型之旅。

發展智慧製造生態系　建構物聯網平台

劉克振：

研華創業三十八年來最核心的產業就是智慧製造。我也認為，台灣未來非常有機會可以把「智慧製造」發展成一個戰略產業。

智慧製造是軟體、硬體與集成（系統整合）等三

▲ 前交通部長林佳龍長期站在政府端推動產業數位轉型，在節目中與研華科技董事長劉克振對談，分享政府與企業如何合作推動產業轉型。

個技術結合，因此發展產業生態系是關鍵，不能像過去一樣只做硬體。智慧製造生態系統的建置，必須在各城市間促成產業群聚，發展協同共生關係。

另外，智慧製造若進入物聯網層級就必須要一個平台，如同PC時代，要是沒有Microsoft平台，是無法把生態系完成並促使產業快速發展，所以平台的形成是發展智慧製造很重要的關鍵。

矩陣型供應鏈　創造實驗場域　加速智能服務

林佳龍：

確實，從外面建構這個生態系的成本跟時間很長，如果是我們自己很容易形成一個生態系，那就不一樣了。以前稱為「線性供應鏈」，現在則是「矩陣型的交錯關係」。

從智慧製造與數位轉型來說，現在的國家政策依循蔡總統提出的二大核心，一個是「五加二的產業創新」，一個是「六大國家核心戰略產業」，中間很重要的關鍵就是DIGI+，就是數位國家創新經濟，而我剛好參與這個政策形成與執行。

大家都知道台中是精密機械、工具機及零組件等產業聚落所在地，我擔任台中市長時，就在精密機械園區爭取了一個智慧機械的驗證場域，當時真的把全世界的大廠都找來，用我們台灣自己的機器，結合這些軟硬體。

我到交通部後推動的智慧交通，很重要的一部分就是智慧製造。我們的未來車，包括自駕車、電動車等，透過矩陣型的供應鏈，可以看到台灣有很大的發展機會。就像研華現在做的，不只是硬體設備，還有軟體服務，這是有最高價值的，建構出的產業創新，也是平台經濟。

智慧製造還有一個重點，就是數據，也是資料經濟，台灣有非常好的內循環經濟可以支撐一定的發展，只要提供我們傳統產業，特別是中小企業一個未來的方向，我相信產業的轉型與創新，可以一代接一代地持續實現。

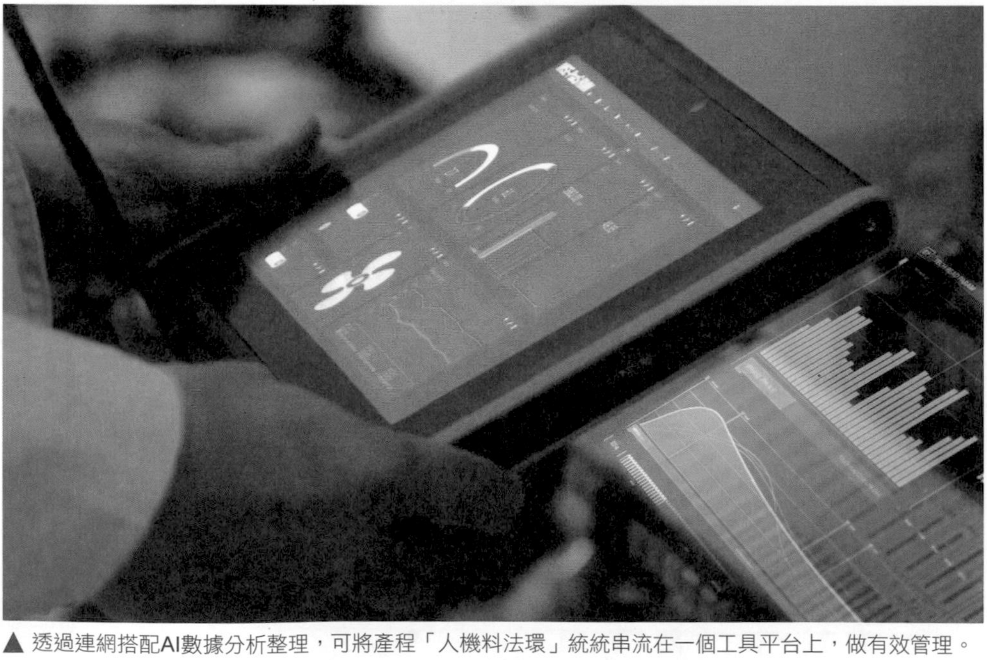

▲ 透過連網搭配AI數據分析整理，可將產程「人機料法環」統統串流在一個工具平台上，做有效管理。

透過工業物聯網雲平台
落實能源管理　逐步達碳中和目標

劉克振：

除了智慧製造，研華的另一重大事業發展是「智慧節能」，我們內部的名稱為EMS（Energy Management System）。EMS系統也是基於我們工業物聯網雲平台WISE-PaaS發展，範圍涵蓋商業建築、學校、醫院、商場、公共建築等，簡單說是用一個物聯網跟一個軟體平台，讓整個能源的管理智慧化。

節能加入AI系統目前已相當成熟，也在很多領域逐步實現，研華要自己達到ESG，我們承諾在二〇二六年目標使用百分之五十綠電，二〇三二年百分之一百使用綠電，所以也自己投資太陽能系統。在導入太陽能系統建置時，要能跟研華的WISE-PaaS做連結，希望這個跨場域的解決方案未來能夠擴大到台灣，聯合國內的產業生態系統。

能源政策牽動經濟發展
能源轉型提升產業新契機

林佳龍：

能源政策關係一國經濟的發展。台灣是個海島，本身沒有很多能源，必須要發展綠能，而且全世界現在都設定碳中和的時間表，台灣雖也有「2025能源轉換」的國家政策，在二〇二五年再生能源目標要占兩成，但並沒有因應世界的碳中和目標，因為這個時間表一定下去，馬上就會面臨很多法規調適、很多產業轉型的問題，相關配套一定要先做好。

台灣除了風能及太陽能以外，產業界還很需要的是氫能發電，它是分散式發電系統，可以導入工廠端應用。另外，能源轉型中包括發電、輸電及儲電等三大環節，無論是智慧物聯網或智慧節能都會導入，也都是商機。我認為不要把能源轉型當成一個負擔，應該視為一個產業轉型發展的機會。台灣應該有這個條件透過能源政策的轉型，驅動下一波經濟發展與環境保護，創造一個雙贏的國家戰略。

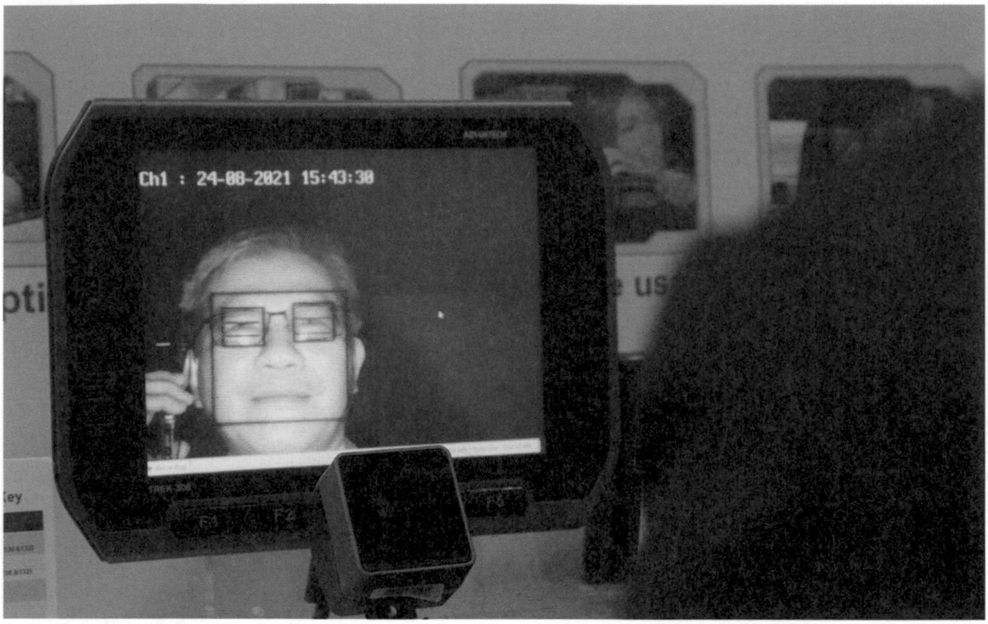

▲ 產品以AI相機及雷達光達技術，可偵測駕駛行為，進而發出警告，確保人車行駛安全。

全球化進入新階段　研華射三箭提供多元方案

劉克振：

研華的全球化布局隨著公司發展階段而有不同。三十年前我們做工業電腦時，是在台灣生產然後外銷，一開始是找代理商，然後一步步在世界各地建立分公司，我們稱為地區性事業單位（Regional Business Unit, RBU），目前有二十幾個國家有RBU。這套方法是賣產品的思維，進入數位時代當我們轉到智慧製造、智慧城市的產業範疇時，訴求的是一個軟硬體與集成的整合性服務，RBU模式無法建立在地的核心能力。

現在研華的全球化邁入新階段，以國際分工來看主要有三個市場策略：第一是台灣為核心發展數位新南向，第二是中國，第三是歐美加市場，這三個地方的邏輯完全不同。

數位新南向是指在台灣把解決方案做好後，到東南亞各國去找合作夥伴。夥伴不是代理商，研華將會投資他們，譬如持股百分之二十、三十或四十，透過這種方法建立所謂的生態系。

▲ 智慧物流解決方案中，包括可透過AI數據分析運算，快速偵測物品材積大小，提升貨物運輸效率。

中國的經濟量體非常大，單是境內就足以形成自己的生態系。我現在做法是，中國的團隊自己做中國市場，也不用到國外去打，單在中國就打不完。至於歐美的情況則不一樣。歐美是先進國家，台灣的解決方案他們可能不信或暫時不信，所以我們在歐美還是要低姿態，研華就是提供平台、提供硬體，讓當地去加值。

加速國家AIoT壯大數位科技國力 數位新南向2.0拓商機

林佳龍：

非常認同劉董事長的理念。若從全球化的角度，我們台灣的國家戰略也要因應有所調整。到底台灣是小國或大國？如果從我們的國土跟人口來看，好像小國；可是如果從我們的科技國力投射出的數位領土來看，台灣就是重要的國家。目前5G的實驗場域在各領域都已逐步成熟發展，有內循環經讓我們練兵。

所以政府的角色要做很多的法規調適，建立很

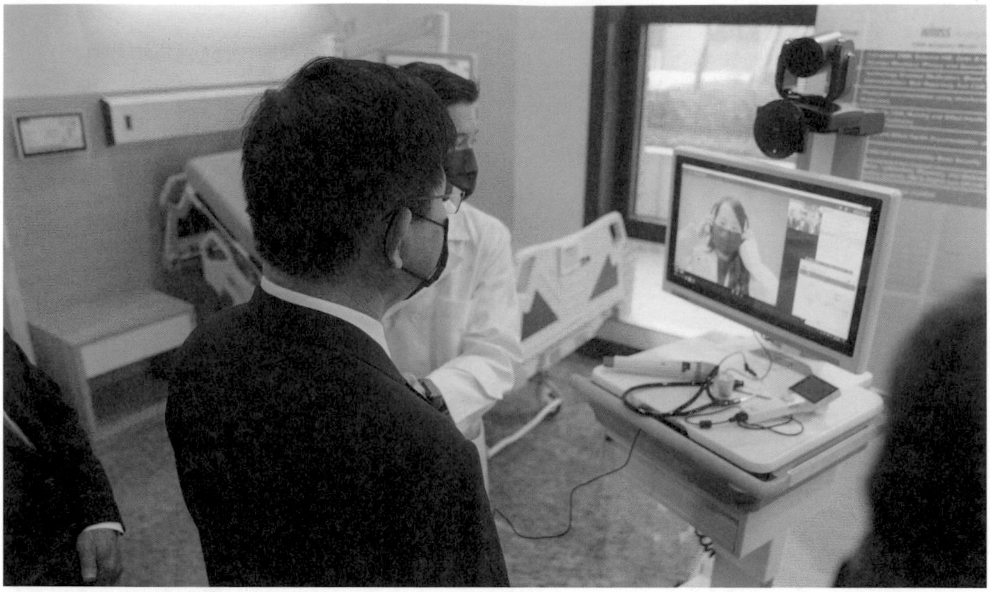

▲ 智慧醫療解決方案包括移動醫護工作站（Medical Carts），將診斷設備整合在一台推車中，可解決偏鄉醫療問題。

多的標準，讓它有個規模，甚至有大數據可以做AIoT，這樣我們跟人家合作的時候，就會有經驗。我們要做產業創新，也要共好。

到底什麼叫新南向？李登輝時代有一個南向政策，蔡英文總統推出新南向政策，我認為現在應該是「新南向2.0」，可以定義它的核心是「數位新南向」。

透過DIGI+帶動的五加二產業創新跟六大核心戰略產業，政策方向都是對的，現在是要跟產業對接，所以劉董事長提及的平台概念，要有一個共享機制，我很認同。

以數位科技國力作為讓世界需要台灣，台灣企業就能兼顧安全與賺錢的機會。包括「G2抗衡」、「數位時代來臨」、「後疫情時代人們生活的改變」以及「新能源帶動的產業轉型」，這四個變化，我認為對台灣來說，都將是千載難逢的好機會。

研華基本資料

成立年份	一九八三年
台灣上市年份	一九九九年（股票代號2395）
資本額	新台幣六十三億元
二〇二一年營收	新台幣五百八十六億兩千兩百萬元
員工人數	約八千三百人

AIoT共創商業模式

第一階段：感知、運算與聯網的硬體創新	此階段的發展，研華與許多工業電腦同業皆已打造了完整的供應鏈與生態系，以新型態的工業聯網電腦系統、運算模組、邊緣運算設備、網路設備、感測裝置等為主要的產品。
第二階段：軟體及物聯網運算平台的新技術	研華整合IT、OT、Cloud、AI等各種科技，打造工業物聯網雲平台「WISE-PaaS」作為企業客戶「數據驅動」的核心；並開始在全球啓動「共創模式」，以「WISE-PaaS」的開放式架構，連結專注於產業智慧化方案的IoT軟體開發商（ISV）、打造許多基於此平台上的工具與服務，並開始建立示範應用案例。
第三階段：AIoT方案開發與銷售生態系的拓展	在AIoT的平台環境基礎完備之後，開發商可以在WISE-PaaS平台上開發並於WISE-Marketplace上架各種工具服務，與基礎應用模型。這個階段中，研華與合作夥伴共創，包括進行銷售並協助客戶導入AIoT專案的行業專注系統整合商（Ddomain-focused SI; DFSI），協助垂直產業客戶的數位轉型，運用AIoT的技術，創造新價值。

預見大未來

精彩影片掃描　智慧科技系列

AIoT數位轉型驅動者——研華

監製　大肚山產業創新基金會
製作　鑫傳國際多媒體科技

【未來科技．現場直擊】

一站式物聯網App 未來科技想像更前瞻

將醫院內常見的移動醫護工作站（Medical Carts），變身為遠距醫療行動推車或縮小成二十吋登機箱大小，不僅可帶著走，甚至整合多樣醫療診斷儀器如五官鏡、無線超音波、電子聽診器、心電圖等，可用在第一現場的急救或山地的巡迴醫療，尤其是新冠疫情改變了人們的生活樣貌，更體認到原本認為台灣因距離方便不大需要的遠距醫療，確實有它的必要性與重要性。

這次走訪研華的AIoT物聯網智慧園區，我親眼見證他們在智慧醫療、智慧零售、智慧節能、智慧工廠、智慧城市等領域，透過物聯網提供創新服務的垂直應用驗證成果，相當振奮人心。

以智慧製造為例，透過聯網搭配AI，把影響產品質量的五大因素「人機料法環」統統串流在一個工具平台上，所有資料清楚通透，做各種數據的KPI分析後，每個產線機台都可以做整體管控，不僅提升生產效率與品質良率，還可以做到故障預警，提早維修或更換設備。

公司的解說員告訴我，這些都是透過研華建立的一站式的工業物聯解決方案市集「WISE-Marketplace」展現的綜效。就像手機上的App，研華攜手系統整合夥伴，針對各個產業不同的功能與應用開發一個App，並協助客戶導入，而客戶可以針對需求來勾選所需要的App使用，同時每個App都可以互相串流資訊、互相溝通，達到效能監控。

這種借鏡蘋果App Store概念，提倡軟硬整合與共創思維，打造創新服務的工業物聯網應用平台，將加速促成各行業領域的智慧應用落地，我認為研華是工業物聯網的創新實踐者，是企業數位轉型的最佳幫手，也讓我對未來科技應用的想像更加大膽，對台灣企業迎向數位轉型之路更有信心。

▲ 前交通部長林佳龍走訪研華的AIoT物聯網智慧園區，親自體驗研華在AIoT的垂直創新應用成果。

▲ 前交通部長林佳龍親自體驗研華車隊管理解決方案的駕駛輔助系統，了解產品系統如何偵測司機駕駛的危險行為。

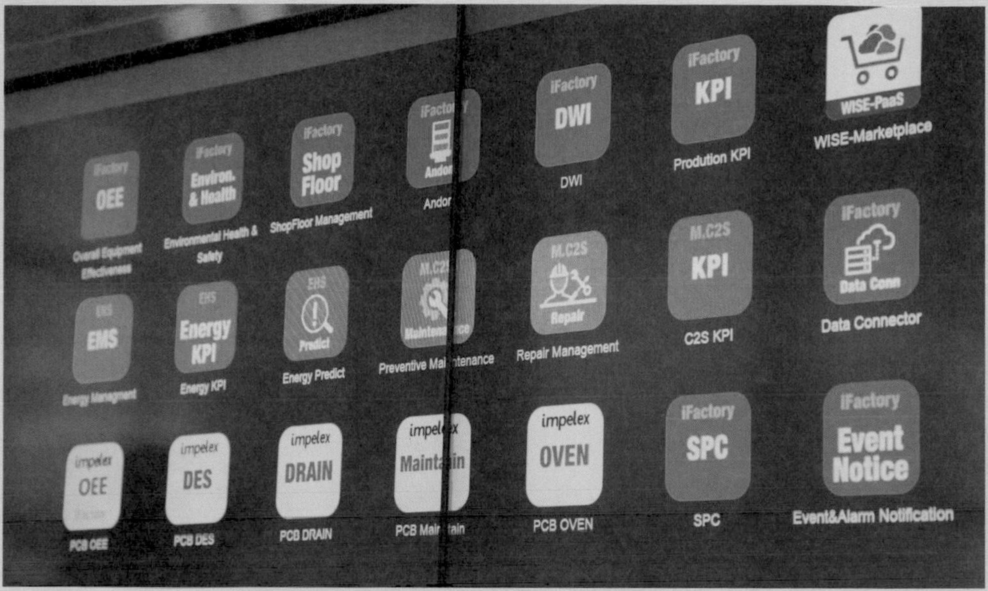

▲ 研華科技建立一站式的工業物聯解決方案市集「WISE-Marketplace」，提供完備的物聯網產業專用 Apps，加速各產業數位轉型。

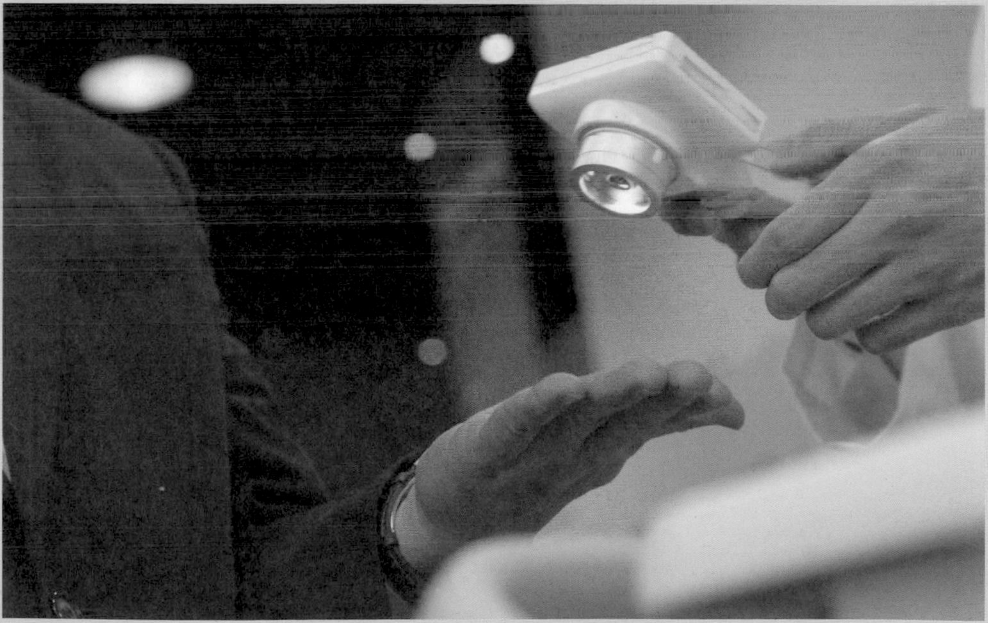

▲ 醫護人員可透過「五官鏡」拍下病患須診斷部位，即時與遠端醫師溝通。

普萊德

智慧網通國際拓荒者
普萊德加速數位轉型

成立二十八年從沒虧損過，更以自有品牌行銷全球逾一百四十國，普萊德憑藉厚實的研發能量，以及敏銳的市場觀察，每年推出近一百個新品，且過去十八年每年都榮獲台灣精品獎，累計已超過五十個產品獲此殊榮並榮獲台灣精品成就獎，打響屬於台灣人的高科技品牌。二〇一〇年的智利礦災，透過普萊德的網路監控攝影機和光纖網路轉換器，成功深入地底協助完成幾乎不可能的救援任務，證明公司產品禁得起惡劣環境的考驗，寫下驚豔國際的台灣品牌傳奇。

普萊德見證全球網通產業的興起與發展，進入5G時代開啟串連物聯網創新應用的更多可能性，新冠疫情的衝擊更加速全球企業在數位轉型進程，把重要營運基礎轉向雲端，而隨著資訊流通越多，資訊安全也越益受到重視。5G正重塑整個產業鏈，全新的生態系逐漸成形。當5G碰上網通應用的演變，究竟會擦撞出何種火花與新興商機？讓我們透過前交通部長林佳龍與普萊德董事長陳清港的深度對談，預見5G商轉、萬物聯網，如何利用MIT優勢，促進國際技術交流，創造產業共好，提升台灣品牌新價值。

物聯網時代　軟硬體整合共創MIT品牌價值

陳清港：

一九九三年網路通訊萌芽，整個網通的技術是架

▲ 普萊德科技董事長陳清港成立「Planet」網通設備品牌28年，主打歐美市場，是台灣之光。

構在乙太網路（Ethernet）標準上，所以包括企業網路與電信網路都能夠突飛猛進地發展。直到一九九七年出現Internet（網際網路），一些網通設備開始走入家庭，消費性網路出來了，卻也導致中國的低價產品進入市場。

二〇〇〇年以前台灣廠商在全球網路通訊扮演的角色，其實是非常重要的，但二〇〇〇年到二〇一〇年這十年面對來自中國的低價競爭，許多同質性高的台灣網通廠商非常辛苦。

二〇一〇年整個網路通訊產業產生質變，一個關鍵是IOT（物聯網）出現。在沒有IOT鏈結前，不管是3G、4G或者Wi-Fi及一些有線網路等，都一味在削價競爭，導致台灣廠商沒辦法發揮。有了IOT鏈結後，加入了軟體元素，賦予硬體設備產生物聯網價值，「這個Timing對台灣廠商是一個非常好的機會。」

台灣有非常完整的電子產業生態系，從IC到任何的零組件製造到軟體，統統都有，加上有良好的研發能力，「軟硬整合」是進入物聯網時代非常重要的關鍵，MIT是一個很好的訴求，再加上美國與中國的科技競爭與貿易衝突問題，促使供應鏈移轉，帶給

▲ 網通資訊傳輸涉及資安，更攸關國安問題，普萊德科技董事長陳清港與前交通部長林佳龍深度對談，希望帶給觀眾網通科技新視野。

台灣很多機會。

以我們來說，普萊德是一九九三年成立，一直以來都著重在品牌的經營，「因為品牌才能夠在市場上決定你的價格。」台灣過去在網路通訊著墨較多的是代工，但「代工是客戶決定價格。」現在，普萊德在國際市場上已經有一定的知名度，很多國際專案客戶會指名選用普萊德的設備，憑藉這二三十年的經驗累積，我非常鼓勵也希望政府協助推動，應該積極發展MIT品牌。

創新沙盒　政府提供練兵場域

林佳龍：

「所有的產品只要中國人學會了，你就不可能做得比他便宜。」這句話很有道理，我同意清港兄的看法。當產業改變，政府的整個角色與法規要調適，要有一些創新的沙盒。

我在台中市長的時候，是全國第一個成立數位治理局（Digital Governance）的地方政府首長。政府要提供示範場域，讓大家可以練兵，台灣在未來的產業

▲ 普萊德科技的產品客製化生產，具多樣性，每年開發產品近100項。

發展，這一塊我們一定要做好準備。蔡英文總統在任內推動最重要的產業策略就是「數位國家・創新經濟發展方案」（DIGI+）。第一個四年是「五加二的產業創新」，第二個四年是「六大核心戰略產業」。現在資通訊的產業二大發展應是「智慧應用」與「創新服務」，而「政府只要把環境弄好，其實高手在民間。」

現在講的網通，已經是萬物聯網，包括資訊流、人物、物流、金流、車流，甚至未來進入到6G結合低軌衛星都覆罩在所有的網絡裡面。從網通應用延伸出的另一個要重視的產業就是「資安防護」。資訊流通得越多，有平台又有資料經濟，就產生可能的駭客，這也是全世界都要面對的問題。特別是台灣面對到中國，可能成為駭客攻擊的第一線，我們如何藉由台灣經驗，做好資安防護，值得思考。

加強資安防護　提升產品競爭力

陳清港：

在資安部分，普萊德開發網路傳輸設備，好比傳遞資料的高速公路，進來的各方資料都會經過這一條高速公路，由我們的產品進行過濾，篩掉不應該進來的資料，也就是我們把Cybersecurity（網路安全）提升到最高等級。例如，一些美國客戶非常重視網路安全，普萊德的產品都會先經過客戶的資安驗證，通過驗證了，不僅客戶放心，我們也放心。

台灣廠商可在資安這塊多加著墨，在產品或服務將資安元素考慮進去，不僅拉開與中國廠商的競爭，擁有自己的利基市場，「對市場、對客戶來講，都會對你產生很大的信心。」

林佳龍：

對，沒有你們連結不起來，資訊安全更是必要的。因為未來的數位匯流，影音圖文，包括數據跟通訊都整合了，就是一跟零。這樣的一個傳輸，要做到高速度、低延遲、多連結，又要確保資安，「它是另一個產業課題。」

網路科技未來的挑戰，包括即時性、韌性、安全性，還有準確性，很多需求是剛性的，是我們生活上非要不可，「否則就像是盲人過馬路。」這樣的一個

▲ 網通設備在智慧科技未來扮演資訊傳輸橋樑，未來進入5G時代，更會開啟許多串連物聯網創新應用。

網，它同時也在變，不是靜態的，而除了生活上的必要外，已經變成一種經濟。包括食衣住行育樂，尤其是育樂方面，如遊戲、觀光等，龐大的商機，可以帶動台灣更多的5G產品。

我在交通部長任內，對於整個5G的頻譜規劃，釋照商機到它整個營運，就是希望帶動台灣5G的設備。台灣的規模雖不是超大型國家，但也不小。我們有內外循環的經濟，像一個城市，如果搭配未來新的印太戰略，布局新南向2.0（數位新南向），那麼將不只是單獨地賣設備，而是賣一種服務。

籌組科技顧問團南向輸出，開創共好典範

陳清港：

對於新興市場，台灣網通廠商可考慮以鄉村包圍城市的方式進軍。新興國家都有預算的限制，但基礎建設一定要做，因此會選擇Price Performance Ratio（性價比）較好的產品，而這些產品，台灣廠商可以扮演很好的角色，政府如果能協助廠商推進市場，會是一個很大的幫助。

▲ 普萊德推出全球第一綠能網路電力智慧管理系統，使網通設備在偏遠地區得以用再生能源供電。

林佳龍：

五、六十年前台灣有農耕隊，當初為了維持邦交曾派人到非洲。我當台中市長的時候，配合前瞻計畫，將台灣的機械產業從單機出口模式，升級為高附加價值的智慧製造系統整廠輸出，在精密機械園區導入智慧機械的一個驗證場域，規劃了九條示範產線。現在台灣電子業累積豐富的經驗，如果可以組織一個科技顧問團，我建議要做到「智慧城市輸出」。未來出去到這些國家，不只是教你，還Demo給你看。

要想解決東南亞國家在基礎建設的不足，它的智慧城市一定要彎道超車，直接用5G，如果我們能跟他們合資去建立智慧城市垂直的應用與創新服務，同時也可以讓他們國家的人來台灣學習，讓他們不會覺得被我們殖民。這是我認為的數位領域，就是科技國力的投射。這種巧實力是創造共好，讓台灣讓可以帶動他們國家的產業發展，共同促進國際發展。

普萊德基本資料

成立年份	一九九三年
公開發行年份	二〇〇三年（股票代號6263）
資本額	新台幣六億兩五百萬元
二〇二一年營收	新台幣十四億兩千七百萬元
員工人數	一百五十人

預見大未來

精彩影片掃描

智慧科技系列

智慧網通國際拓荒者——普萊德

監製 大肚山產業創新基金會

製作 鑫傳國際多媒體科技

【未來科技．現場直擊】

MIT綠能供電智慧平台　助攻淨零碳排

以前想到IT機房要占用大量空間與耗能龐大，就覺得可怕，親自走訪一趟普萊德後，完全顛覆我的刻板印象，他們的產品不僅實現機房的「智慧化」、「雲端化」與「可攜式」，更能充分使用再生能源，在不耗市電情況下，讓整個網路維持正常運作。

普萊德董事長陳清港還告訴我，他們最新研發的一款專為無電網地區設計的產品，是全球第一款人性化綠能網路電力智慧管理系統（再生能源供電智慧網管控制器NMS-360V），並連續獲得多個獎項的殊榮，令我再次對台灣企業的科技創新與落實永續製造的社會責任，感到敬佩與驕傲。

淨零碳排成為全球最關注議題，並且已不再是口號，而是到了採取行動的時刻。普萊德做到了把「再生能源跟網通連結起來」，無論是交換器、Wi-Fi、網路攝影機等各種傳輸系統，都可以整合進太陽能、風力或水力發電等再生能源；夜間時，再透過儲能設備進行調控，因此整個網路運作的電力可以自給自足。此外，再搭配他們開發的可攜式智慧中央網管平台進行遠端監控，尤其適合市電無法到達的地區。我認為普萊德已非單純的網通產品供應商，而是提供各種智慧傳輸解決方案的服務商。

台灣企業的研發實力與尖端技術總是充滿驚喜，普萊德的研發與生產都在台灣，在陳董事長的身上，我看到身為台灣科技人對品牌的堅持與價值，也相信在他對環境永續的承諾下，台灣邁向淨零之島目標更前進一步。

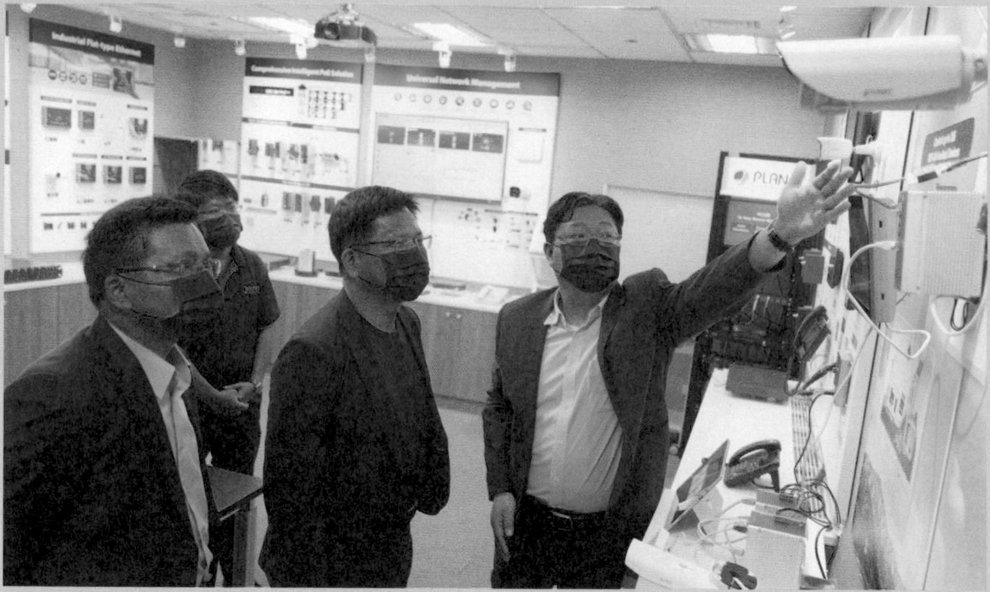

▲ 普萊德的技術已能連結再生能源跟網通設備，包括交換器、Wi-Fi、網路攝影機等各種傳輸系統，都可以整合各種再生能源。

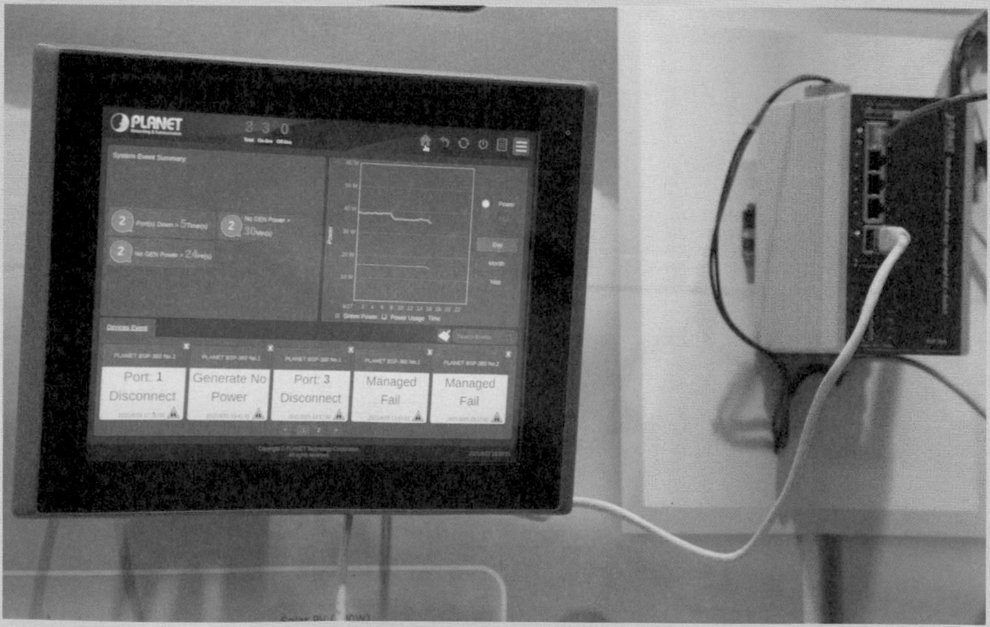

▲ 普萊德的產品結合智慧控制，有效整合產品系統，可統一管理濕度計、溫度計、攝影機等設備。

▲ 普萊德因應各種網通環境使用狀況，開發耐撞、防水等多樣工業用等級產品。

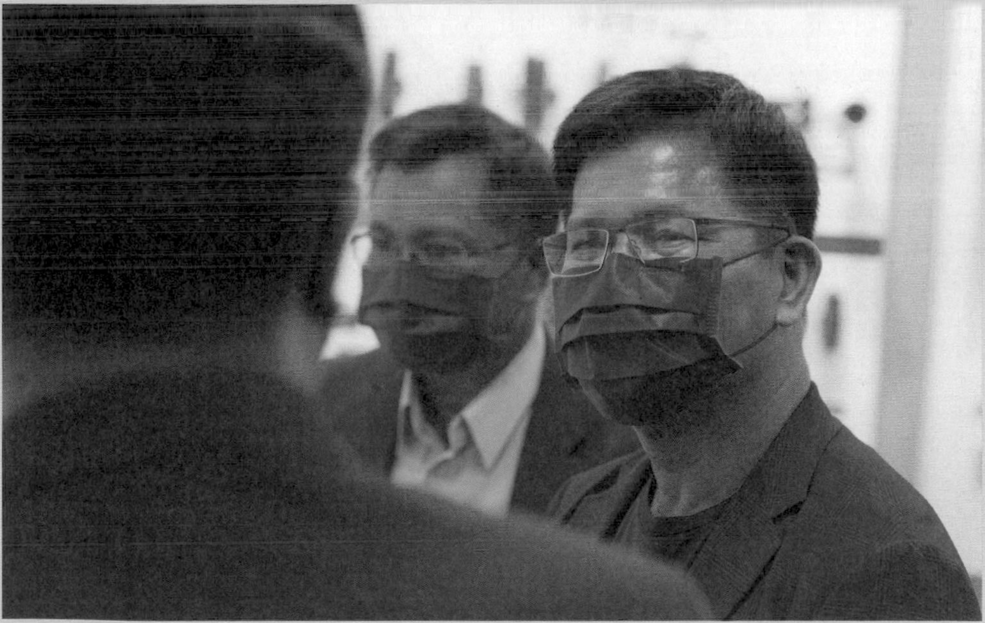

▲ 前交通部長林佳龍造訪普萊德科技研發重地，對網通設備商有更加認識，也讚嘆普萊德的開發技術。

台灣大哥大
Taiwan Mobile

台灣大哥大

5G驅動產業轉型升級 台灣大哥大搶得先機

台灣二〇二〇年正式邁入5G元年。根據資策會產業情報研究所（MIC）預估，全球5G用戶數將從二〇二〇年一億九千萬成長至二〇二一年三億三千萬，到二〇二六年，全球5G智慧製造市場規模更上看四百二十億美元。5G具有大容量傳輸、低延遲、巨量物聯網的特性，實現零時延的網路體驗，這些技術不僅讓產業AIoT發展更迅速，落實在智慧城市、智慧物流、智慧農業等各領域，並且帶動了AR、VR娛樂產業，以及智慧家庭的普及。

台灣大哥大長期為用戶提供整合服務、打造多元的智慧應用解決方案，為企業、消費者實現豐富的5G多元應用，並協同各產業夥伴蓄勢待發，要引爆未來5G商機。這次將透過前交通部長林佳龍與台灣大哥大總經理林之晨的對談，來探討5G在未來世界所扮演的關鍵角色。

台灣5G滲透率世界第二 消費與企業端都受用

林之晨：

5G可以分成消費端跟企業端的應用，消費端的應用第一波是智慧型手機，透過5G上網可以享受大頻寬、低延遲的好處。自從我們在二〇二〇年六月三十日正式開台之後，台灣消費者很快速地去擁抱5G上網，到二〇二一年底，台灣智慧型手機的5G滲透

▲ 本集節目邀請前交通部長林佳龍與台灣大哥大總經理林之晨，探討5G發展在未來世界的重要性。

率已經達到兩成左右了，這在全世界是排行第二名，僅輸給南韓，原因是因為他們比我們更早開台。

企業端的應用方面，疫情期間，透過5G讓遠端開會的體驗更為順暢、討論更為即時、開會更有效率之外，還可以發揮在企業垂直場域端的智慧應用上，譬如我們在運行自駕車時，需要傳送很多攝影機端的資料，到伺服器端去做自動駕駛的AI運算，運算完畢之後，再透過5G把最新運算出來的模型，布署到自駕車上。

政府訂好遊戲規則　台灣5G後來居上

林佳龍：

5G不再只是電信、通信的領域，而是已擴展至創新服務的領域。台灣短短不到兩年，已經進入5G應用推廣的領先群、前段班，成長的速度甚至比韓國快。政府的角色就是把政策制定好、產業競爭環境發展好，就是我們講的生態系。

二〇一九年，我當交通部長時發現，台灣沒有一個單位制定5G開放的頻譜，因此就請交通部郵電司

▲台灣在2020年正式邁入5G元年，節目邀請電信三雄之一的台灣大哥大總經理林之晨，與觀眾分享5G應用。

來訂好遊戲規則，讓大家公平競爭，後來5G標金還創下一千三百八十億元天價。政府把規則訂好、基礎建設做好，讓民間高手有好的環境，就能打國際盃了。

數位時代一切都是服務，交通部是全台灣最大的服務業，車流、物流、人流、金流都跟資訊流有關，數位科技就是一場資訊革命，掌握資料就有發言權。「交通」一詞的希臘文意思就是移動，移動就創造互動，互動就有商機。

疫情加速全球數位化　元宇宙將成殺手級應用

林之晨：

疫情的確加速了全世界數位化的程度，遠距工作也成為日常。台灣大在追蹤用戶網路的用量時發現，二〇二一年五、六月出現前所未見的高峰，對網路形成特別大的需求，這些疫情訓練出來的數位化，讓電信業、科技業都需要更進一步，去支持後疫情時代用戶的行為。

接下來五到十年，元宇宙會是一個非常重要的殺

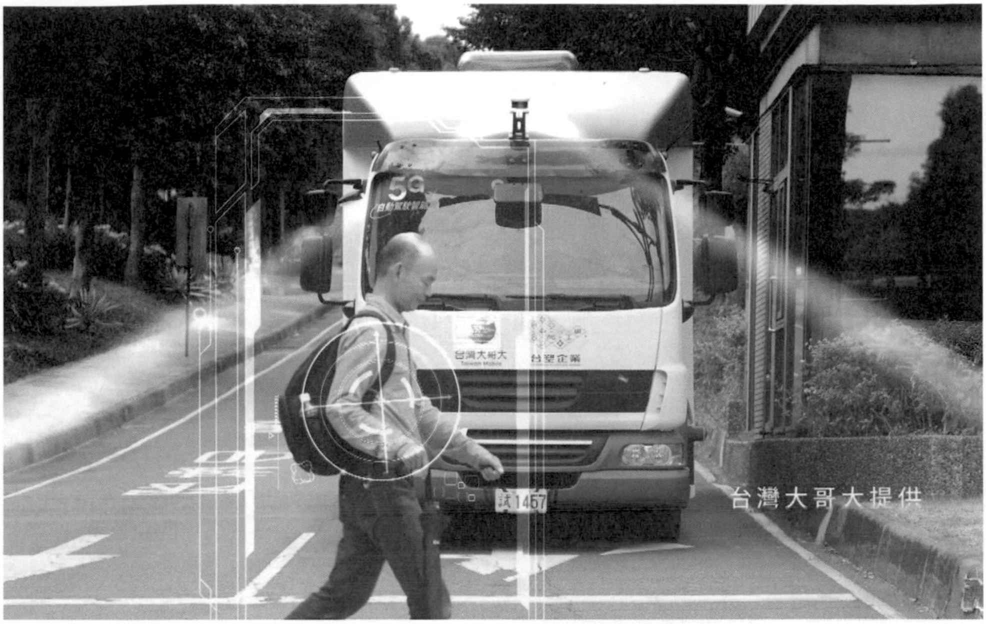

▲ 台灣大哥大車聯網涵蓋5G通訊及雲端服務，打造「車、路、雲」通訊整合系統。

手級應用，消費者與用戶透過虛擬的世界，去完成各種食衣住行育樂的任務，下一步就是虛實整合，跟真實的世界融合在一起，每個人像《七龍珠》的超級賽亞人帶一副AR擴增實境眼鏡，人生會過得更豐富。

Web3、5G、元宇宙　一個骰子不同面向

林之晨：

網路前二十幾年的發展，是把資訊的交換去中心化，但資訊的交易還是卡在各國法幣上，通貨本身是沒有數位化的，Web3的發展就是透過區塊鏈的技術，讓網路上擁有自己的原生通貨，只要透過加密貨幣都可以自由地交易；透過區塊鏈，還可以去幫助人們儲存資料，隨時可以帶著去登入任何的網站，來做個性化訂製。

這些Web3的發展趨勢，都需要大頻寬、低延遲，都需要大量載具連上網路，這也就是為什麼Web3、5G跟元宇宙基本上是一個骰子的不同面向，接下來的十年、二十年間，這就是世界最快速發展的領域。

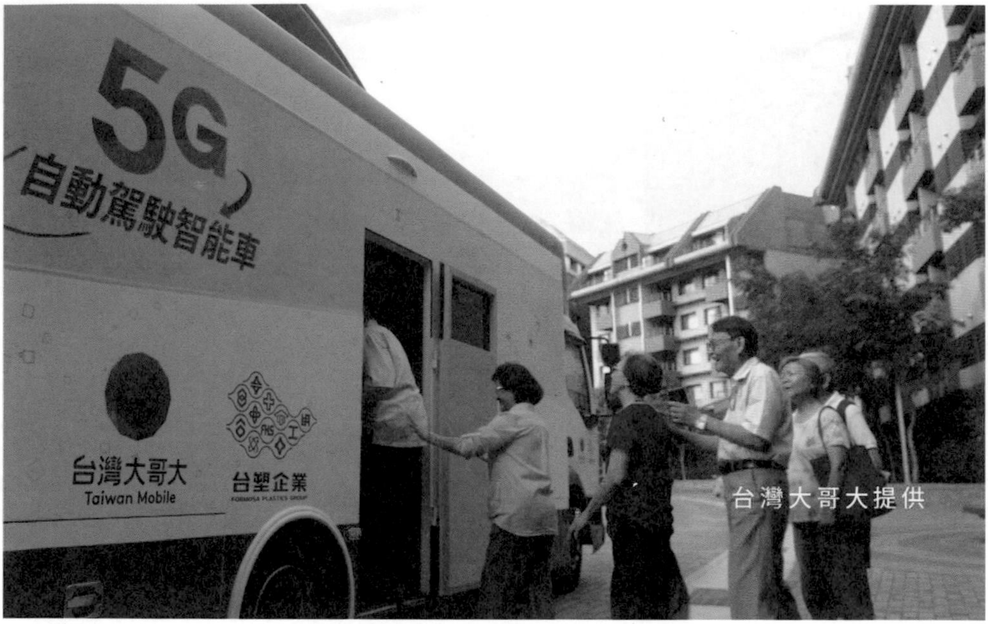

▲ 台灣大哥大與台塑集團合作，打造5G智駕車服務，提供長輩安全接駁。

發展智慧觀光　媽祖遶境也能線上參拜抽籤

林佳龍：

我當交通部長任內因為遇到疫情，開始做虛實整合及數位雙生，《看見台灣》的齊柏林導演拍了很多直升機、無人機的影像，我們則是用ＡＩ無人機去拍攝三百六十度實景，不只是交通目的而已，我們把它變成觀光。

文化是觀光的靈魂，媽祖遶境帶動上百億的「食、宿、遊、購、行」經濟，全世界都覺得這是台灣特色，智慧觀光可以發展線上進入鎮瀾宮拜拜，還可以抽籤，在路上跟著媽祖遶境時，還可以購物；現在出入境的旅客要在防疫旅館隔離期間，就可以讓他們去玩這些元宇宙，等他出來後一定直奔日月潭、阿里山去玩。

數位科技用在智慧觀光，讓５Ｇ不再只是通訊電信業，而是一種科技結合了服務，如果台灣的體驗可行，放大到全世界可能是幾百倍的規模。台灣的企業家很厲害，只要給他們舞台，在一個規模不大的內循環經濟中，他們就可以去跟世界做策略結盟與合作。

▲ 5G應用場域包括物流無人倉儲，大大提昇自動揀貨效率。

超級大企業創新不易　台灣大Open Possible

林之晨：

過去這二十幾年有兩個科技巨擘命運非常不一樣：Yahoo曾經如日中天，後來整個衰敗下來；Google則從二〇〇四年首次公開發行之後，到現在一路一直不斷地成長。兩者最大的差別在於，Yahoo很重視內部創新，但是Google同時重視外部創新，除了原生產品很成功之外，像安卓（Android）系統、YouTube、Google地圖等，都是外部跟新創合作所開發出來的商品。

大企業不能太驕傲，不能覺得「我無所不能」，到了某個程度要去培養自己的新創生態系，一起共創下一階段的成長，這也是台灣大「Open Possible 能所不能」的核心精神。

在長庚養生村裡的智駕車服務，其中自駕技術就是新創公司艾歐圖iAuto所提供，由台灣大提供5G技術，養生村提供場域，台塑客貨運提供車子，創造了一個共創跟再成長的來源；像這樣的案子，台灣大目前有數十個在進行中，帶動了更多的創新。

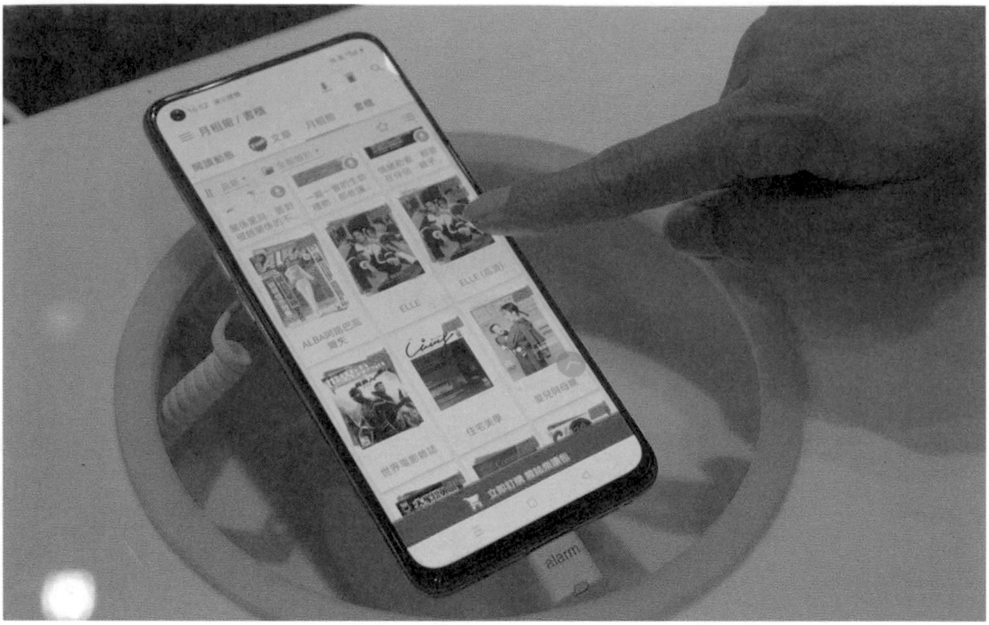

▲ 在5G未來，消費者可以享受更高畫質、更迅速的娛樂體驗。

數位新南向拓展數位領土　與各國共好

林佳龍：

結合5G技術，可以做到更有效率且更有彈性的管理，也更加節省人力。我最近走訪國泰永聯物流，也同樣看到這樣的趨勢。在新南向國家每年投資兩個案場，一個大約都有兩億美金的規模，運用了大量的機器人與無人載具，搭配5G的網路環境，滿足當地客製化與共享化的物流需求，而且已經開始打算往印太市場輸出。

創新來自觀念的改變，我現在擔任無任所大使推動數位新南向，就是要做一個平台，不只是智慧物流、智慧城市、智慧交通、智慧醫療，包括智慧家庭裡的各種生活，這個裡面是龐大的經濟，我們把產、學、研跟政府的角色做好，借助企業的實力去拓展數位領土，跟新南向的國家共好，達成數位包容性，不能只是要賣東西賺他的錢，或是去設工廠污染，要把他們納入我們產業的生態系，各國政府可以有政績，他們的企業也有生意來創造就業機會。台灣已經被全世界看見，而且被需要，要進一步讓大家喜愛。

▲ 台灣大哥大推出GeForce NOW雲端遊戲服務，佈局未來Web3時代的遊戲產業元宇宙戰場。

預見大未來

精彩影片掃描　智慧科技系列

5G科技連網應用者——台灣大哥大

監製 大肚山產業創新基金會

製作 鑫傳國際多媒體科技

超5G體驗 台灣大布局智慧應用

台灣在二〇二〇年正式邁入5G元年，台灣大步邁入5G創新應用，各家電信產業也積極布局5G應用，這次拜訪電信三雄之一的台灣大哥大，到台北松菸門市體驗消費端的5G應用，從智慧家庭到雲端遊戲，打開我對未來的無限想像。

「OK Google我回家了」，一聲令下，窗簾、電扇、檯燈、咖啡機都開始自動運作，台灣大哥大的智慧家庭應用，已經整合了多種家電，提供消費者「只要出一張嘴」的居家體驗。

總經理林之晨說，台灣大跟Google合作推出的Google Nest Hub 2，深度整合了的台灣大智慧家庭應用，還可以聆聽My Music上的音樂，同時台灣大的myVideo、myBook也在5G及內容投資的助攻下，帶給消費者更高品質的娛樂體驗，都大大地幫助台灣往更智能的生活前進。

林之晨還分享，雲端遊戲是5G時代的殺手應用，5G大頻寬跟低延遲的特性，讓玩家手眼協調不會有延遲感，玩家還可從雲端直接串流遊戲，遊戲的硬體更可放在雲端一起共享，往後雲端遊戲發展成熟，也能支援AR眼鏡的發展。

除了消費端的體驗，台灣大在企業端，已經推出智慧車聯網服務，打造智駕車自動駕駛，運用5G高速傳輸去串連「車、路、雲」資訊服務，已經在林口養生村實際上路者，另外，他們還協助momo電商建置無人倉儲，以5G解決方案結合邊緣運算，提升物流效率。

台灣大哥大是第一家5G涵蓋率通過官方認證的電信公司，用很快速的速度布建基礎，並推出許多創新服務，超乎我預期的超前發展。很感謝台灣大願意投入，期待未來台灣有更多應用，可以協同生態系夥伴，建立多樣的5G垂直應用成功模式。

台灣大哥大基本資料

成立年份	一九九七年
台灣上市年份	二〇〇二年（股票代號3045）
資本額	新台幣三百四十六億七千九百萬元
二〇二一年營收	新台幣一千五百六十一億元
員工人數	約五千八百人

5G技術三大應用場景

高網速	觀賞超高清（4K／8K）視訊或虛擬實境（VR）／擴增實境（AR）的應用
低延遲	操控無人機過程中低延遲可即時避免危險發生
巨量物聯網通訊	實現智慧家庭、智慧辦公室、智慧城市等

▲ 前交通部長林佳龍體驗台灣大哥大的5G智慧家庭應用，只要對手機下指令，就能掌控居家生活。

▲ 台灣大哥大串連智慧家電產品，讓消費者「只要出一張嘴」，就能滿足各式智慧居家的使用需求。

▲ 台灣大哥大與Google合作，推出Google Nest Hub智慧螢幕，可以透過聲控播放音樂。

▲ 前交通部長林佳龍用大螢幕體驗玩雲端遊戲，感受高畫質低延遲的5G遊戲效果。

▲ 在5G時代，遊戲已從下載轉為串流，雲端遊戲成為用戶體驗5G的殺手級應用。

LINE

LINE台灣

挖掘數據新黑金
LINE台灣加速虛實融合
打造全方位數位生活

每天手機一打開，您用LINE了嗎？根據統計，台灣不過兩千三百多萬人口，LINE在台月活躍用戶就高達兩千一百萬餘人，用戶平均每天使用LINE的時間約六十分鐘，論密度、黏著度，都是LINE在全球市場的第一名；新冠本土疫情爆發後，LINE在台灣傳訊量更有百分之二十三的月成長，與家人、朋友、公事聯絡，幾乎會用它。

二〇二一年是LINE成立的第十周年，過去至今，LINE從單純的即時通訊轉向生活入口，從支付、交通、娛樂影音、純網銀積極布局，滲透民眾生活的同時，也帶來全新的數位體驗；邁向下一個十年，LINE將以新DATA替消費者、電商串出更緊密的新日常，並以AI、OMO（虛實融合）實現全方位數位生活，這個「超級App」究竟會形塑出什麼樣的未來？透過前交通部長林佳龍與LINE台灣董事總經理陳立人的深度對談，為您勾勒數據經濟時代下的新樣貌：

百分之九十九台人使用LINE 滲透全民生活無所不在

陳立人：

LINE是一家有韓國、日本血統的科技公司，在台灣有兩千一百萬的活躍用戶，全球主要市場中密度最

▲ LINE台灣加速虛實融合，打造全方位數位生活，節目邀請LINE台灣董事總經理陳立人來分享LINE台灣的經營策略。

高。我自己觀察，台灣人很講究情感，大家在溝通當中，喜歡把情感放進去帶點溫度，不是生硬的口吻，這種文化，相當符合LINE本身的設計，「貼圖訊息」自二〇一四年在台灣登場後，目前在台灣所有年齡層被普遍使用，不管是在工作還是聊天，後面加一個笑臉或加一個表情，甚至於長輩覺得打字麻煩，也可利用一個簡單的貼圖，就能傳達很多事情。

我們估計，在台灣，智慧型手機使用者有高達百分之九十九的人會使用LINE，台灣人對語言溝通的情感傳達，正好促進這個App的全面流行。

當然，很幸運地，台灣用戶每個人平均使用LINE長達六十分鐘，也是全球市場最久的，在這樣的基礎上，我們開始發展各種民眾需要的生活服務，讓LINE不只是人跟人距離的拉近，我們還把結合各種應用服務，譬如購物、LINE Pay、LINE TV、LINE Today、貼圖、BANK、Travel都帶到你的面前，主要是讓很多小團隊利用這個平台流量，做出各種服務。

我們在台灣有一個滿大的工程團隊，就是幫助這些小團隊進行產品開發，幾年下來，也推動好幾項新服務，都是從很小的種子慢慢長大。

借鏡共好生態系　助中小企業數位轉型

林佳龍：

我觀察LINE這個平台已經在走跨域合作，各種創新的服務跟應用，不但豐富了我們的生活，也帶來很多的商機，現在有LINE TV、LINE Bank還有LINE MUSIC，種種新的應用，不但改變我們的生活，也改變了產業生態。

台灣人使用LINE密度高，理論上也會是全世界最好的實驗場域之一，對LINE來講，它不只是一個平台，反而有大量數據的優勢，透過AI分析，可實現智慧城市裡面的食衣住行育樂多元需求，透過線上線下的虛實結合，在平台經濟跟資料經濟創造相當豐富的應用。

台灣是民主國家，也是自由市場經濟，有法治、自由、人權，這也是LINE可以在台灣蓬勃發展的其中關鍵。我也看到LINE正朝向一個共創、共好所謂的生態系，這種創新，才是我們未來看到的數位經濟。

▲ 前交通部長林佳龍與LINE台灣董事總經理陳立人分享，數位資訊的人才培育問題。

提供平台共好共創　廠商相互滋養達精準行銷

陳立人：

這樣生態系的發展，已不是單純的通訊服務。事實上，數位時代下，每一個事業或每一個業務，彼此之間都會有一些很微妙的互助或互補，然後形成正向循環。我們這個平台，可以幫助到很多微型商戶，他們彼此又可以透過連結，進行生意的往來。在這生態系，就是想辦法減低彼此的阻力，並互相滋潤，互相提攜，且透過數據分析，達到最有效率的精準行銷，讓彼此的事業越做越大。

新創產業最大的問題是在發展的過程中，是否有清楚的論述，以及穩定的資金支持；其次，數位發展的法規須透明化，新創業者才能有更安心發揮的後盾。

林佳龍：

台灣中小企業比例高達九成，他們的挑戰是資源少、不容易數位轉型，在世界供應鏈下，可能只是個隱形冠軍，但LINE能夠提供台灣中小企業數位轉型平

▲ LINE的原創貼圖創作者人數已達65萬人，更發展出許多周邊商品，創造出黏著度極高的會員經濟。

▲ LINE TV與台灣數位光訊科技集團機上盒「哈TV+」合作，觀眾可以跨螢看劇，享受大螢幕追劇。

台，是很棒的生態圈。你們在協助大家做數位轉化，如能以更精準的數據進行智能服務，輸出台灣經驗，可能會比過去傳統的貿易或產業直接外移，有更大的商機。

用戶為決定者　運用使用者消費經驗優化服務

陳立人：

講到數據，我想強調，LINE整個企業裡的文化，我們很尊重「Users Rule」，消費者或是用戶，才是平台最重要的決定者。

從這個角度來看，我們的各種服務，一定都是想辦法去符合消費者的需求，而需求是不是被滿足，就得從數據分析，所有服務的規劃包括進行虛實整合（OMO），都從這樣的角度來進行。

此外，數據是否可以幫助消費者有更好體驗，也一定要持續觀察，譬如LINE TODAY，或者LINE TV、LINE MUSIC等內容服務，當我們透過數據推薦給消費者，又可以再根據他們使用後的經驗，進行更有效率的分析，這就是所謂的人工智慧。

▲ LINE TV不斷分析理解受眾喜好，增加多元影音內容，也是提高用戶黏著度的方式。

以前的人工智慧，只是根據條件式的反射，最新的做法是提供充分的數據，讓這個機器去學習，學習後再發展出回應。因此，我們餵給電腦眾多數據，電腦就學著再回應，如此一來，它可以幫我們做出精準判斷，甚至可以像人一樣對話。

「網路的世界，貨架是無限長」，可是沒有人有無限長的生命，去看完無限長的貨架，如何有效率地將消費者喜歡的產品放在離他最近的地方，這將是我們在網路服務很重要的課題。

數位資訊大未來　培育人才為首要工作

林佳龍：

數位經濟下，沒有數據就像沒有石油，但數據如果只是數據也不夠看，政治經濟學家約瑟夫·熊彼得講過：「破壞之後的新創就是典範，結果會更美好。」數位科技就很典型，把資訊內容從各領域匯流後再開展，以LINE為例，官方帳號的「圖文訊息」就具代表，看完圖文訊息內容可再做出回應，如下單、報名等。

▲ LINE台灣的員工守則，即是「使用者優先」，洞察使用者需求才能創造產品。

台灣的教育更該鼓勵跨域學習，也是創新的來源，到了創業階段，政府除了資金協助、鬆綁相關法令，也是要推動產業創新配套。

我當交通部長時，就擬了八項政策推行無人載具，還開放淡海新市鎮作為5G跟智慧交通的實驗場域，這就是內容產業的創新；我在當台中市長時成立數位治理局，政府須數位轉型帶動產業，進入數位生態系，我們須讓各個利害關係人，在未來產業的上、中、下游，都能夠找到自己的棲息地。

國家產業創新升級，須各方並進，要讓台灣產業創新轉型，是需要整個國家跟社會力一起投入，不只是生產、製造單方面，從工業4.0到我們現在的5+2產業創新、六大國家重點戰略性產業，都須圍繞在數位創新的主軸，並進行長期人才培育計畫。

LINE台灣基本資料

公司名稱	台灣連線股份有限公司
成立年份	二〇一四年
資本額	新台幣八億四千萬元
員工人數	九百人

▲ 不用下載叫車APP就可以叫車，LINE TAXI透過LINE通訊社群軟體的優勢，讓乘客輕鬆叫車。

預見大未來

精彩影片掃描　智慧科技系列

數據黑金平台串流王——LINE台灣

監製　大肚山產業創新基金會
製作　鑫傳國際多媒體科技

【未來科技．現場直擊】

LINE台灣生態圈　精準行銷

參訪LINE台灣這天，我搭乘LINE TAXI來到才搬遷到內湖的LINE台灣總部，進到大樓內部參訪過程，Roger（陳立人）也用LINE Pay支付，請我喝一杯咖啡，之後看到LINE TV在大螢幕上播放預見大未來的節目，並認識了LINE禮物、直播等等，整個過程，強烈感受到LINE的強大生態系以及驚人的虛實整合服務。

到今年三月，台灣已有九百多萬人使用LINE Pay，全省超過二十八萬個地方可使用，是國內最受歡迎的行動支付，關鍵在於LINE Points的加持，累積一點數等於一元，消費就立即折抵；LINE購物再利用兩千一百多萬龐大的用戶基礎，把平台流量分配給有合作的店家，做大LINE電商平台，等於把數據分析與點數經濟做出最好的整合，是資料經濟最好的體現。

這次我也直擊了電商直播攝影棚，直播台正在推廣一款熱門的女性臉部保養套組，只要依留言指示在手機按「+1」，系統就自動把商品加至LINE購物，而且折抵之後，還可以再回饋點數。

現代人忙碌沒時間找禮物，「LINE禮物」平台提供很多電子票券商品，小小的一杯咖啡兌換券，就能傳達濃濃的情意，平台上的產品相當多元；若想送實體禮品卻不知對方地址，系統一發出禮物訊息會同步提醒收禮者填寫收件資訊，不但能避免詢問的尷尬，也能保有驚喜感。

LINE不只是一個平台，它掌握大量的數據透過AI分析進行精準服務，讓食衣住行育樂都可以在LINE進行線上線下的深度結合，用一句我當交通部長說過的話：「與民同行，連結共好。」這是一個不斷茁壯的平台，是實現數位生活相當豐富重要的場域。

▲ 電子行動支付已成趨勢，LINE台灣董事總經理陳立人向前交通部長林佳龍示範使用LINE PAY輕鬆付款。

▲ LINE Pay不僅是台灣最多人使用的行動支付，LINE POINTS也是最受國人喜愛的點數生態圈。

▲ 因應疫情影響，LINE台灣推出購物直播，前交通部長林佳龍現身直播攝影棚，體驗當直播主。

▲「LINE禮物」整合電商系統，開啟線上送禮服務，用戶只要透過手機，就可以直接送禮，傳情達意。

▲ 前交通部長林佳龍造訪LINE台灣總部，了解LINE台灣如何獲得台灣使用者喜愛。

AI Labs.tw
台灣人工智慧實驗室

AI Labs

元宇宙浪潮起！台灣人工智慧實驗室（Taiwan AI Labs）攜手台灣超前部署

提及二〇二一年科技界最熱門的關鍵字，「元宇宙」（metaverse）」，尤其臉書（Facebook）宣布將母公司名稱改為Meta後，大大加深了市場對商業化應用的期待，自由穿梭虛實世界可望成真，台灣有無勝出機會？

人稱PPT創始者台灣人工智慧實驗室（Taiwan AI Labs）的杜奕瑾對此正面以對，並於公開演講表示：「元宇宙已經展開，而且就在我們身邊。」看好ICT、軟體是台灣科技的強項，他所率領的實驗室，正以AI結合AIoT、5G及雲端邊緣運算等技術，打造沉浸式智慧觀光平台，並在國發會的支持下催生「台灣聯合學習產業大聯盟」。究竟民間與政府如何超前部署台灣的元宇宙？透過前交通部長林佳龍與杜奕瑾的深度對談，一起勾勒下一個數位創新價值鏈的未來版圖。

後疫情時代　必然發展元宇宙

杜奕瑾：元宇宙是科技發展下的必然，也是這一波疫情下的結果，因為疫情，大家體驗了前所未有的居家上班（WFH），利用線上開會完成工作所需的溝通，了解到人跟人之間的互動，不是只能在實體空間，只要把虛實整合的平台做得細膩到位，自然而然就會走到

▲ AI數據運用牽涉個資問題，必須正視數位治理問題，節目敲請前交通部長林佳龍與Taiwan AI Labs創辦人杜奕瑾與談，討論台灣產業未來方向。

「Metaverse」這種場景。

元宇宙跟純拿手機的體驗不同，傳統VR 360影片的聲音影像，仍屬於2D概念，但元宇宙是3D感官立體世界，裡頭的物件，都可以運用人工智慧的方式去學習跟認知；當物件一被認知，物件就不只是一個平面圖像，而是有空間感；認知後還可以即時理解，就能再往下一步虛實整合進行，在這個空間裡，物體是可以互動，有溫度感、速度感。

在元宇宙裡，三百六十度全景相機只是人工智慧的眼睛，擷取的圖像經學習後，可以做到更多的人機互動，並在5G、AIoT網路的基礎下運作，每個人都可以透過AI成為數位分身，一個虛擬的你可在這裡上班、開會，唱歌、打電玩，甚至可以來一趟遠處旅行，完成不可及的夢想。

我相信後疫情時代，大家對這種虛實整合的體驗會更有需求與想像，特別是AI、5G、物聯網（IoT）、雲端邊緣運算等技術逐漸成熟，更是推動元宇宙的重要驅力。因為要實現比網路世界更複雜的元宇宙，需要更強大的高速運算與影像處理晶片，還有網路環境，這些技術是台灣正在發展的強項，像

▲ 前交通部長林佳龍與PTT創始者杜奕瑾在節目中，深度討論未來台灣AI人工智慧的大未來。

目前全世界百分之五十以上的ＡＩ晶片，就在台灣生產製造。

但也必須提醒，當越來越多事情可透過線上會議或線上社群網路處理時，這些行為會衍生出「數位資料治理」問題，涉及到人權及隱私保障。我們實驗室透過人工智慧技術，希望發展出全世界可以信任的元宇宙。

組台灣聯合產業學習聯盟　建立數位治理平台

林佳龍：

ＡＩ應用的影響很大，可以興利，也可以作亂。網路不當言論，一直是頭痛又難處理的議題。社群媒體對內容排序、篩選有審查機制，在資訊揭露有一定的掌握權。然而，民主政治下，人民有資訊取得的自由，而且投票權也必須是在充分、開放的資訊下的前提實踐；資訊若被控制，等於威脅民主自由人權，也影響了網路中立。這種現象在中國最明顯，他們有「天網計畫」，在網路世界的任何移動，都會留下數位足跡，再回來控制你。

▲ 台灣人工智慧實驗室（Taiwan AI Labs）集結AI人才，開創以人為本的AI產品，為台灣打造創新產業。

網路巨擘如Facebook、Twitter，正大量投入AI科技，提高內容審查的精準度。二〇二一年年初，在國發會支持下，交通部、科技部、經濟部、衛福部、文化部及金管會也與台灣人工智慧實驗室啟動了「聯合學習產業大聯盟」（TAIFA），希望運用聯合學習，找到AI資料運用治理解方，並在未來的元宇宙世代進行創造及保障人權隱私。

以交通部為例，政府因執行公權，才得以擁有眾多資料跟數據，但萬一上雲資料被駭怎麼辦？倘若由大聯盟制定使用規範，這些資料若能成為大家共同學習的平台，說不定可以成為產業新力量。

其次，AI會搜集大資料，並使用演算法為該資料分配一個行為，但目前的AI演算法並不透明，就牽涉到智慧財產權侵犯問題。我覺得，透明化有助於對抗演算法的偏見判斷，但也要避免組織機構遭到網路攻擊，成立聯盟也許可以制衡。

網路時代有很多假帳號，推特大概有四千八百萬個假帳號，臉書有一億三千七百萬個假帳號，這些資訊在這種混亂的網路世界傷人，可說是「道高一尺，魔高一丈」。但我們仍得學習怎麼防弊，要落實在法令跟教育，畢竟最後做決策的還是人們，透過ＡＩ演算法的透明化達到監督效果，避免扭曲網路給予我們的言論自由空間，造成傷害。

ＡＩ演算公開　透明保障用戶個資

杜奕瑾：

台灣聯合學習產業聯盟的建立，就是希望有一個很好的數位治理方式，讓產業可以共同應用，不要因為運作ＡＩ數據技術後，關鍵資料由單一數位科技巨擘掌握。在這個聯盟，我們實驗室會協助產業一起訂定可共同執行的做法，如攸關民生議題的人工智慧演算法，會強調以公正、公平、公開的方式去做。

我們也發起了「葉黃素計畫」，試圖透過透明的外掛平台，進行社群媒體內容中立分析。台灣是民主社會，擁有非常好的世界公民，也是全世界可信任的技術提供者。「信任」可說是台灣未來數位產業發展的關鍵元素，一旦數位強權或數位殖民現象發生了，我們的技術因為令人信任，可有效替企業資安、隱私把關。

台灣人工實驗室二〇二一年初在人工智慧全球夥伴聯盟（Global Partnership on Artificial Intelligence, GPAI）會議，也參與ＯＥＣＤ國家對於資料搜集的隱私人權討論，展現了台灣聯合學習搜集資料現況，並透過去中心化的方式保障使用者隱私的數位治理成果。

未來Metaverse時代，假訊息的資訊攻擊只會更加嚴峻，台灣可以做出全世界第一個示範場域，就像我們防疫的作為，讓大家知道，台灣不只是硬體製造強國，軟體的研發跟資料管理、數據管理也領先世界。

「ＡＩ產業化　產業ＡＩ化」台灣具備元宇宙成功條件

林佳龍：

信賴，就是最重要的社會資本，有法治，才能夠有一個中立的開放的平台。台灣已具備全世界公認的防疫能力，在被疫情攻擊的第一線，我們經驗最多，也引起全世界的注意。如何把這樣的經驗轉換到資安？我認為策略發展需要兩個很清楚的方向，「一個

▲ 整合5G、AIoT與人工智慧空間建構技術，Taiwan AI Labs開創觀光旅遊場景數位雙生（DigitalTwin），希望可以加速動態觀光發展。

▲ 民眾只要載具連上線，就可以透過《海陸漫行》中的媽祖遶境虛實體驗，身歷其境遊覽觀光景點。

▲ 透過AI學習的方式，當演奏者演奏樂器時，周圍的環景畫面會依音樂強弱、節奏變換色彩與圖像。

是產業AI化，一個是AI產業化」。

台灣正在發展智慧城市，業界各自在做，但也必須要整合，才能在智慧交通、智慧製造甚至智慧醫療一起使用AI龐大的數據；此外，人才建置更是迫切。這幾年來，二〇一八年由產業界出資成立的「台灣人工智慧學院」，我也爭取到在台中設置分院。

至於AI產業化，就是產業數位轉型，像這幾年不少台商紛紛新南向，可以再透過AI上雲進行數位領土的延伸，另一方面，也需要像AI Labs這樣的機構，讓AI這一門學問應用到產業。台灣已具備元宇宙成功條件，只要建立開放、中立的平台，以維護人權為前提跟國際接軌，可望引領台灣資通訊業以軟帶硬走出國際。

▲ 前交通部長林佳龍現場彈奏電子琴，體驗AI音樂帶來的樂趣與周圍的客製化情境。

AI Labs基本資料

成立年份	二〇一七年
資本額	三千兩百萬元
員工人數	一百三十人
主要業務	醫療保健、智慧城市、人機交互三大領域，研發AI解決方案

預見大未來

精彩影片掃描　智慧科技系列

AI人工智慧新創者

監製　大肚山產業創新基金會
製作　鑫傳國際多媒體科技

【未來科技．現場直擊】

全球第一 智慧觀光元宇宙應用

曾被CNN評選為「全球十大最美自行車道」的日月潭，總吸引國內外不少騎客朝聖。台灣人工智慧實驗室（Taiwan AI Labs）開發出《海陸漫行》，搶先體驗智慧觀光元宇宙，只要透過揮動手掌，一秒就可切換到日月潭場景，在家踩著腳踏車有如身歷其境，享受科技帶來的旅遊新體驗。

台灣人工智慧實驗室創辦人杜奕瑾分享，全世界還沒有提出元宇宙概念前，實驗室早已進行各種實驗性的運用，《海陸漫行》的概念是要把台灣景點推向全面式觀光，讓遊客透過數位虛實整合平台，使用AI、5G、無人自駕技術與AR/VR等尖端科技，就可「神遊」台灣，是全世界第一個數位觀光元宇宙。

《海陸漫行》一開始是實驗室利用AI技術模擬已逝齊柏林導演的生前作品，以不同角度呈現台61線西濱快速道路沿海景色，後來又加入日月潭、阿里山等知名景點，甚至透過平台讓遊客線上參與媽祖遶境。這種以第一人稱視角建構的智慧觀光平台，如同用自己的數位分身旅遊，我很期待這樣的技術能協助旅運業者數位轉型。

體驗，其實也是一種經濟，台灣已經從被「世界看見」到被「世界需要」，現在透過虛實整合的元宇宙，讓台灣的觀光變成數位產業火車頭，相信接下來能進展到被「世界喜愛」。

▲ Taiwan AI labs推出「海陸漫行」，打造沉浸式智慧觀光平台，有助於台灣觀光產業轉型。

▲ 只要透過左右揮動手勢或拍手，AI就可以辨識指令，變化畫面方向或切換智慧觀光元宇宙中的旅遊場景。

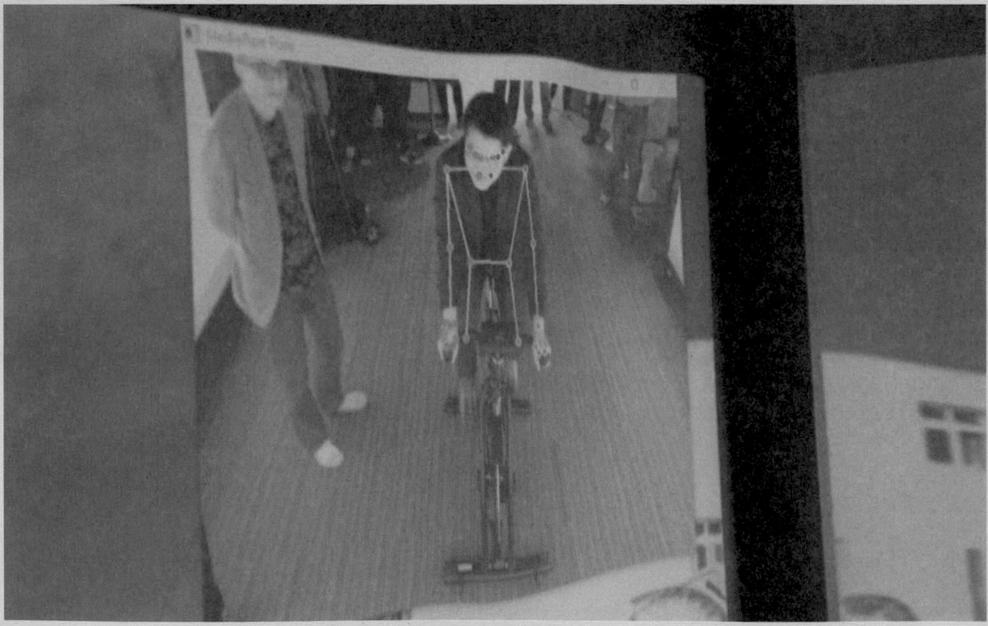

▲ 透過AI記錄並判讀使用者的肢體動作，當使用者變換動作，眼前的螢幕畫面也會跟著轉變。

▲ 運用AI技術，透過空拍機360度拍攝台61線中部路段，Taiwan AI Labs重現齊柏林視角，記錄下公路美景。

▲ 空拍機拍攝出360度全景無死角的大數據影片，再拿齊柏林過去拍攝的影片用AI分析他的取景及運鏡模式，完成《海路漫行》影片。

三顧公司

細胞治療望成疾病解方
聚焦台灣再生醫療

隨著科技進步，再生醫療是全球專注的醫療趨勢。再生醫療是指「發展可再生、修復和替代已受損或不健全的細胞、器官或組織」。以幹細胞療法為例，就是透過採集自臍帶、羊膜及胎盤上分化能力強的幹細胞，臨床試驗發展上主要用於神經、器官及骨骼的修復，預期可以治療中風、阿茲海默症、心臟病、退化性關節炎等多種疾病，發展再生醫療將可望解決藥物治療無法治癒的疾病。

市場研究公司Market and Markets報告指出，二〇一八年全球再生醫療市場規模為一百零五億美元，預估今年將達到二百五十三億美元，領域包括細胞治療、免疫細胞治療、基因治療。二〇一八年台灣

「特定醫療技術檢查檢驗醫療儀器施行或使用管理辦法」，簡稱「特管辦法」上路開跑，開放自體細胞治療；二〇二〇年九月，行政院也拍板「生技醫藥產業發展條例」草案。可見政府也努力發展台灣再生醫療產業，期盼在全球市場占有一席之地。本集節目邀請台大醫院院長吳明賢一起與談，討論台灣再生醫療的潛力與臨床發展，以及台灣發展「CDMO」（委託開發暨製造服務）的潛力。

▲ 再生醫療技術已成醫學發展趨勢，節目邀請台大醫院院長吳明賢與前交通部長林佳龍一同探討台灣醫療發展。

以三顧公司為例　放眼台灣再生醫療

林佳龍：

這次選定三顧公司參訪，主要有兩個原因。一個是三顧是再生醫療產業後起之秀，原本從事電子零件代理，二〇一五年才決定發展再生醫療，採用技術移轉的方式，比別人更快速進入市場，三顧還與日立一起合作成立的「樂迦再生科技」，要發展「CDMO」，現在還有國發基金加入支持。

第二個原因，是台灣疫情爆發時，大肚山產創基金會與光合基金會去募資捐贈組合式的負壓隔離艙，是透過三顧代理日立產品，我們才有這軍規負壓隔離艙，因為這機緣，看到這間公司的轉型，並想了解台灣是否可以在醫療產業有像台積電這樣的另一個護國神山。

台灣半導體大國　發展「CDMO」具優勢

吳明賢：

「CDMO」是大藥廠所謂的委託製造，過去已

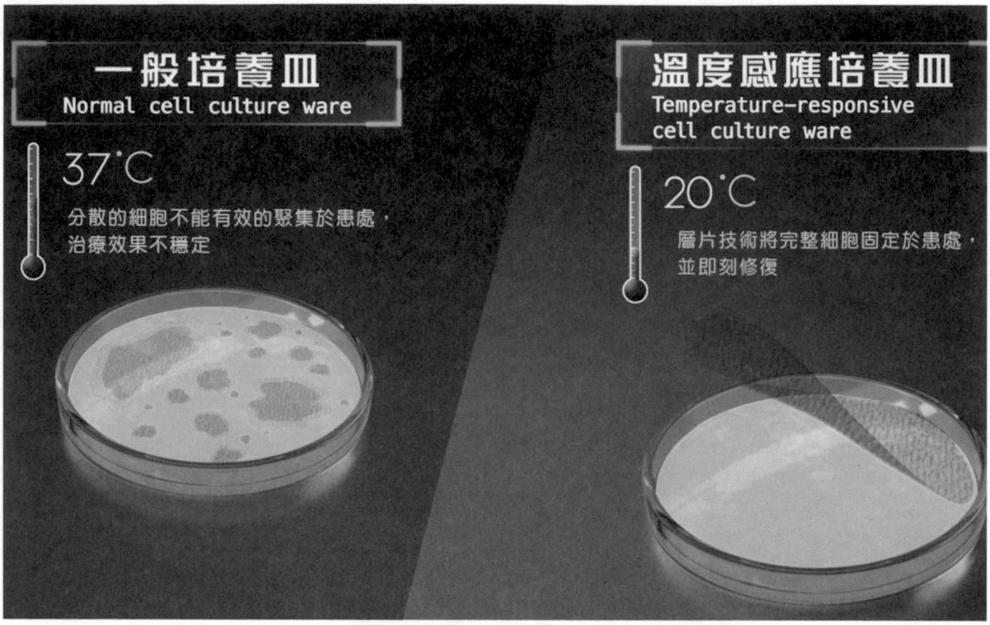

▲ 三顧的溫度感應培養皿技術，能不添加其他藥劑，就可以取得完整細胞層片。

經有很多藥廠為了要減少製造的成本，甚至提高品質加速藥品的上市，就會尋求委託製造服務。過去製造是以化學藥物為主，可是目前增加速度較快的是生物藥，像是韓國三星就開發生物藥已相當成功。

台灣有信心發展「CDMO」，因為政府政策也是強調精準健康、智慧治療。台灣ICT產業跟醫療產業強強聯手，「CDMO」服務在台灣最有機會。細胞治療關鍵是要大量生產品質良好的細胞，製造本身就是價值所在，台灣許多產業技術都可應用到細胞治療製程。大家都知道台灣的晶片良率是世界第一，且提供設計、製造到品管一條龍服務；台灣在「CDMO」細胞治療這塊也有這樣的製造優勢，特別我們還有優秀的生技人才。

林佳龍：

台灣在再生醫療領域發展有利基，從研發、製造到通路，台灣要找出在產業鏈裡面我們不可或缺的角色。未來的再生醫療也需要整個製程技術，最重要是要突破量產門檻，要從產業生態系找出國家隊跟發展的策略。企業要找到產業中的強項產品，必須築巢引

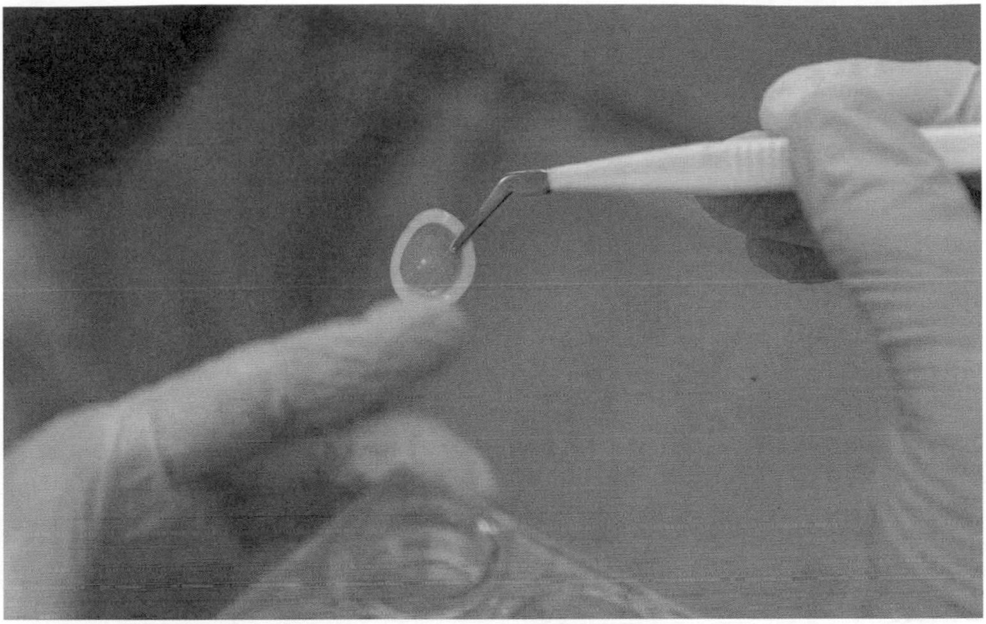

▲ 細胞層片薄如蟬翼，貼在患部後，即可透過組織再生達到治癒效果。

鳳把這一個產業鏈的生態系把它做好。期待醫療產業能成為台灣國際商品，這也是總統蔡英文五加二產業創新政策與六大核心戰略產業，所強調的精準健康。

台灣半導體大國　發展「CDMO」具優勢

吳明賢：

細胞治療並不是只有在非癌症治療，也能應用在癌症治療。三顧目前的產品有用於食道及膝關節軟骨修復的「細胞層片技術」以及用於醫美領域促進皮膚修復的「自體纖維母細胞技術」，這兩項非癌症的技術已經都應用到病人的身上。

目前大部分技術都是取自自體細胞，可是自體細胞要大量生產很困難；以膝軟骨為例，要開刀才能取出軟骨細胞，病人變成開取出、植入兩次刀，但是假如可以用異體細胞，就可大量生產，就有機會真正做到「細胞製造的台積電」，這個硬體的技術，目前已經快進入成熟階段。

三顧累積技術Know-How跟經驗，都可以讓細胞治療技術越來越成熟，未來甚至有機會接到更高級產

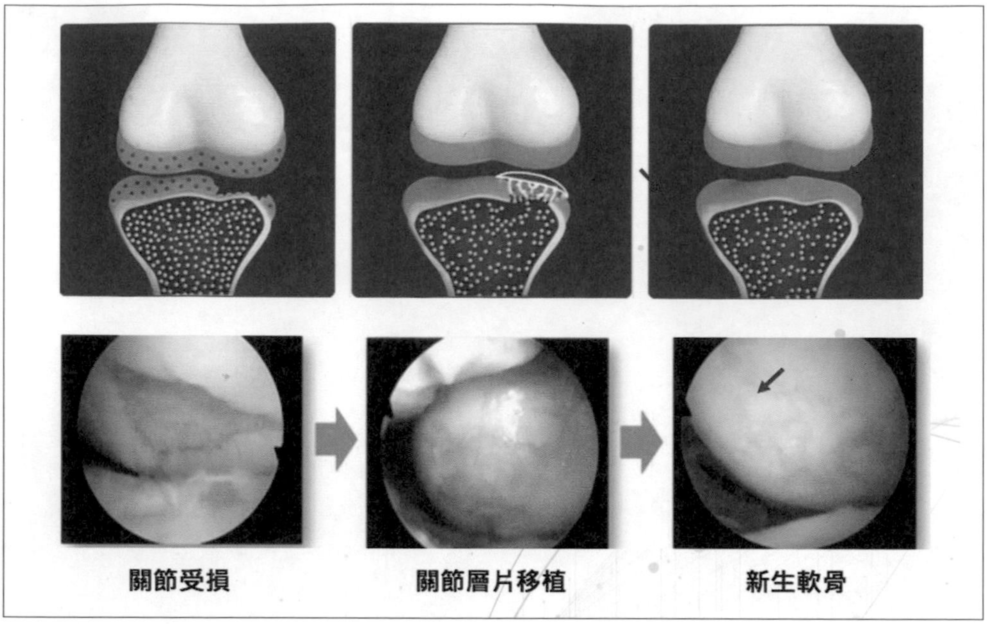

▲ 細胞層片技術可用於治療膝蓋退化，透過自體細胞生長出新的軟骨組織。

品委託製造，比如說像CAR-T Cell免疫療法產品，對臨床應用治療都有很大幫助。

醫療環境成熟　台灣有利發展再生醫療

林佳龍：

台灣在全球Covid-19疫情讓世界看見我們防疫成效。防疫效率涉及各方條件，可以分成醫材、大數據資訊、藥物、治療方法。台灣精密機械製造業在醫材領域有發展條件，要有突破改變，就涉及到先進材料研發還有臨床應用導入。另一方面，台灣有非常好的健保資料，可發展基因工程、疫苗研發、遺傳病早期預測等等。這都是必須重視的公共衛生議題，台灣目前在醫材跟大數據資料具有發展優勢。

現在我們談的再生醫療，所涉及的領域就是藥物使用跟治療方法。台灣跨入到生物藥跟組織再生，這個領域最關鍵的課題就是要大量生產及製程技術優化，企業願意投入，那政府就要協助，除了鬆綁法令，還有資金風險控管，因為發展再生醫療資金相當高，政府就是要來降低這個風險，要用戰略性角度去

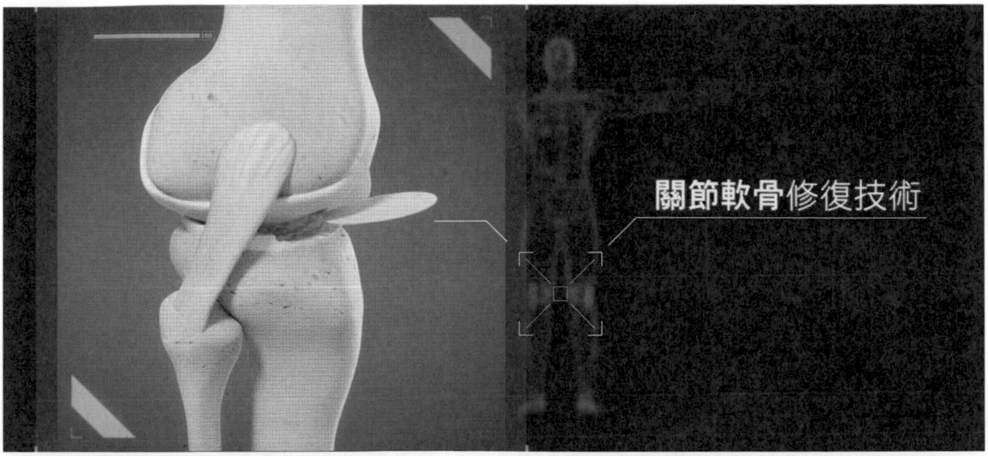

▲ 三顧的溫度感應培養皿技術，能不添加其他藥劑，就可以取得完整細胞層片。

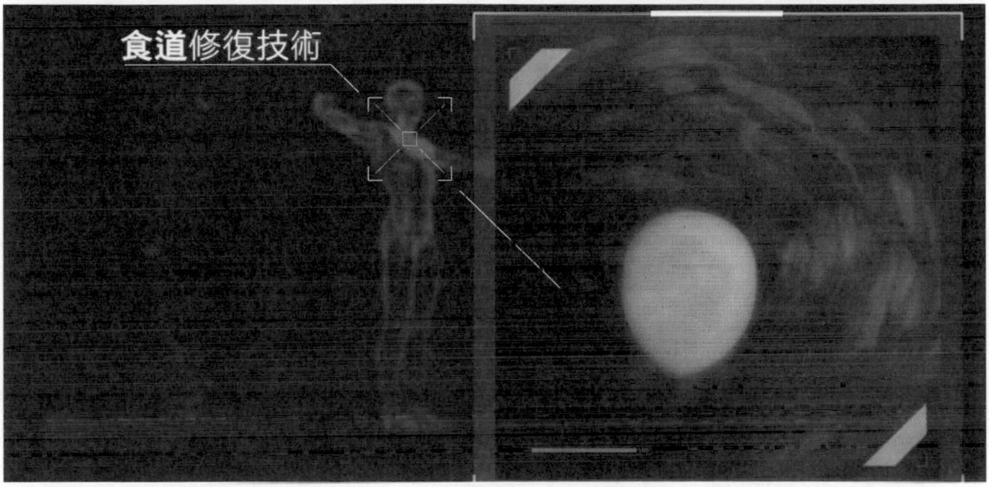

▲ 細胞層片薄如蟬翼，貼在患部後，即可透過組織再生達到治癒效果。

看待台灣醫療在全球競爭力。

台灣可借鏡國外　醫院設創投加速器

吳明賢：

美國最大的兩個醫療體系——「Mayo Clinic」（梅奧診所醫學中心）和「Cleveland Clinic」（克里夫蘭醫學中心），都是美國前兩名大醫院，開發出很多醫材，或是投入新藥研發。院內設有創投單位，從醫院第一線出發，看到目前未被滿足的醫療需求；從未被滿足的臨床需求，去開發產品才能真正適用病人；醫師在其中扮演很重要角色，譬如病人需不需要接受細胞治療，也要由醫師端去了解並發動。

細胞治療是二十一世紀的重要議題，因為現在醫療上沒有辦法解決的疾病，包括癌症、退化性疾病，這些疾病透過藥物治療碰到了瓶頸，甚至是藥物治療無效，都可能透過細胞再生醫療，為病人打開一道曙光。台灣有最好的臨床醫療，像是台大醫院，還有長庚、榮總，都可以借鏡國外醫院做法，去開發好的產品。但台灣醫院系統是以財團法人的方式在運作，台灣目前還是把醫療或醫院定位成社會福利，沒有將醫療視為產業，要投入產品開發，甚至涉及產品營利，還需要透過法律解套。

政府推動私募基金　加速再生醫療產業創新

林佳龍：

三顧從電子轉型到生醫，它們有電子業的資金基礎，將再生醫療作為公司發展重點；它們透過技術移轉，所以可以很快研發量產，加速轉型跟創新。而以佳世達科技來看，它們是電子業跟醫療專業知識結合，投入智慧醫療。佳世達也是以資通訊的基礎，去發展醫療，所以資金來源與風險控管很重要。

國發會現在也推動私募股權基金投資產業。我認為台灣私募基金對產業轉型要有貢獻，促進私募股權基金投資產業的輔導管理要點，主要就是推動五加二產業創新、六大核心戰略產業發展，精準健康就是其中最主要項目。過去私募基金可能就是進場，改組後就賣掉；如果能夠集合相當多的專業人才，將私募基金導入到未來我們的再生醫療，將有利建構產業生態系，也能做出市場規模。

另外，政府也有提供政策誘因，二〇一八年「特管法」實施後，像是三顧就推出產品，很快，不用再等十年，產品就可以在資本市場裡獲得大眾信任。現在「生技醫藥產業發展條例」草案已定案，其中也提供租稅優惠，站在政府的角度，其實業者有好的投資環境，政府就不用出那麼多的資源，彼此雙贏。期盼政府做一個平台，讓各個領域在這做跨域的策略結盟與產業創新，提供台灣發展再生醫療的良好環境。

三顧基本資料

成立年份	一九八八年
台灣上市年份	二〇〇四年（股票代號：3224）
資本額	新台幣六億八千萬元
二〇二一年營收	新台幣二十億元
員工人數	約一百二十五人

三顧兩大事業群

電子部門	代理電子零組件業務：工業電腦、伺服器／儲存器、PC周邊、網通、電源及無線訊產品。
生醫部門	二〇一七年四月與日本CellSeed公司合作再生醫學項目，預計成立台灣第一間細胞層片製程中心，引進食道、軟骨修復與再生技術。

預見大未來

精彩影片掃描

智慧科技系列

細胞再生醫療創建者——三顧

監製 大肚山產業創新基金會

製作 鑫傳國際多媒體科技

【未來科技．現場直擊】

卡位再生醫療　三顧開發細胞產品有成

Covid-19讓全世界看到台灣的抗疫實力，疫苗大戰催生了CDMO（委託開發暨製造服務）產業。細胞治療是未來再生醫療的發展重點，台灣發展再生醫療刻不容緩！這次邀請台大醫院院長吳明賢一起參訪三顧公司，去了解細胞再生醫療的應用與技術。

三顧的「細胞層片再生技術」，是利用溫度感應性培養皿生成細胞層片，透過高溫疏水性的聚合物塗層，讓細胞依附在培養皿上，低溫時，聚合物變性為親水性，使細胞完整脫離培養皿，這個技術還不用額外添加劑就可以完成。

吳明賢院長跟我分享，細胞層片技術已經應用在膝關節軟骨缺損的膝軟骨再生，以及預防食道癌患者術後食道狹窄。再生療法最大好處就是無疤痕癒合，可以保存組織功能，是很好的治療方法。

三顧公司還有另一項技術是「自體纖維母細胞技術」，可從耳後取出自體細胞，用在皮膚缺陷再生，可治療燒燙傷皮膚；其中細胞有抑制發炎的生長因子叫做IL6，降低發炎副作用。這些尖端的醫療技術，都讓我驚嘆。

三顧公司董事長楊智惠提到，三顧跟日立發起成立「樂迦再生科技」，要設CDMO廠在竹北，要做細胞組織工程，引進國外細胞治療產品，並且開發新事業，結合台灣醫療產業與醫院臨床資源，建立一條龍服務，希望可以經營亞洲的再生醫療市場。

再生醫療已經是台灣的核心戰略產業，三顧有技術移轉加持，又做自主開發，現在投資在CDMO，很期待三顧在再生醫療上，能成為台灣醫療產業鏈上另一個護國神山。

▲ 台大醫院院長吳明賢以臨床角度出發，與前交通部長林佳龍一起參訪三顧生醫，了解三顧再生醫療技術。

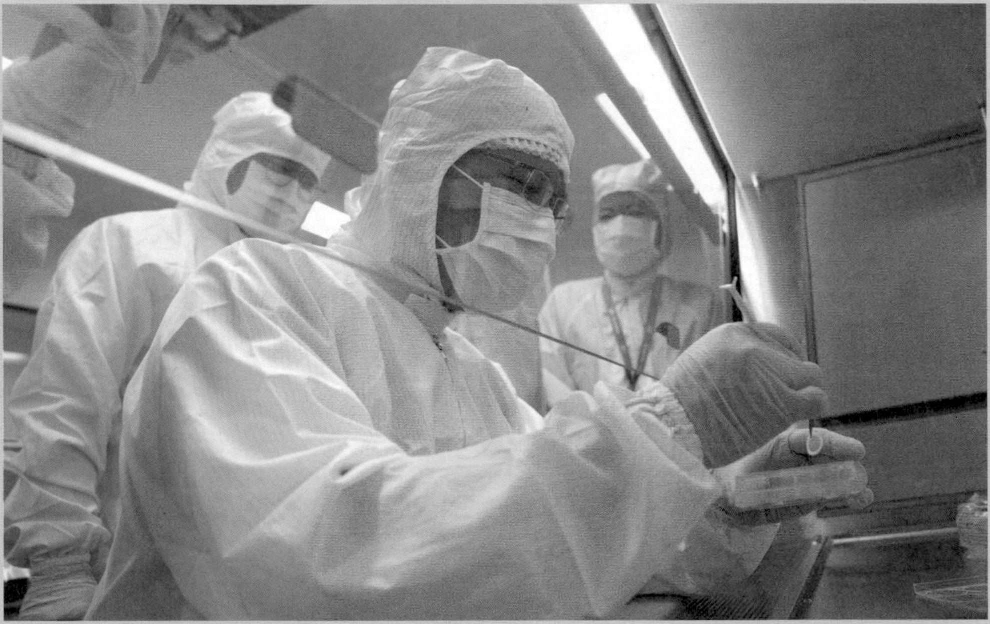
▲ 前交通部長林佳龍取拿細胞層片，近距離觀察細胞層片樣貌。

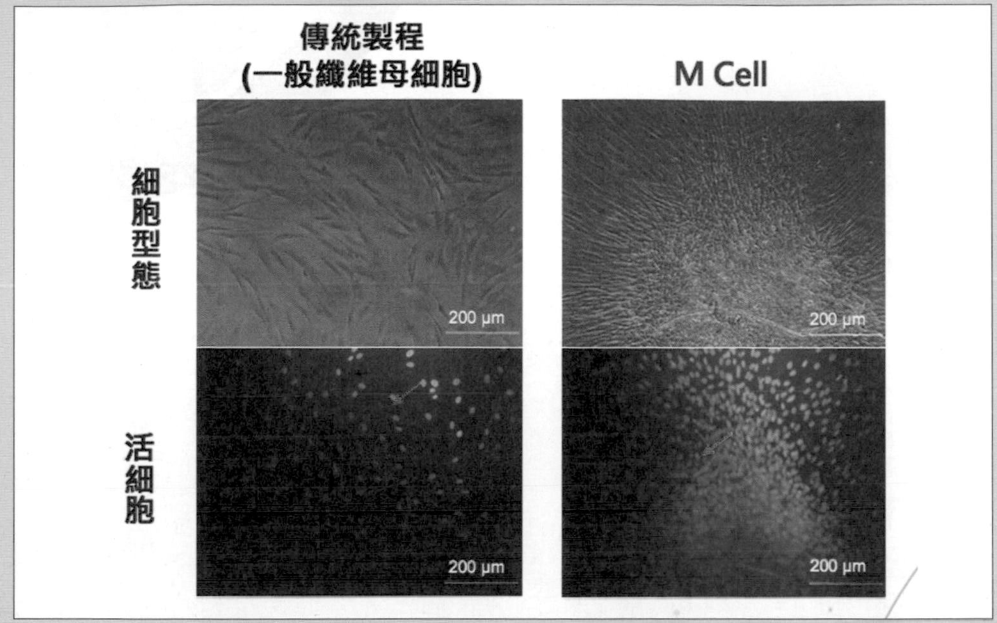

▲ 三顧的自體纖維母細胞產品「My Cell」是高效能聚合型細胞，能快速生長提供皮膚良好修復。

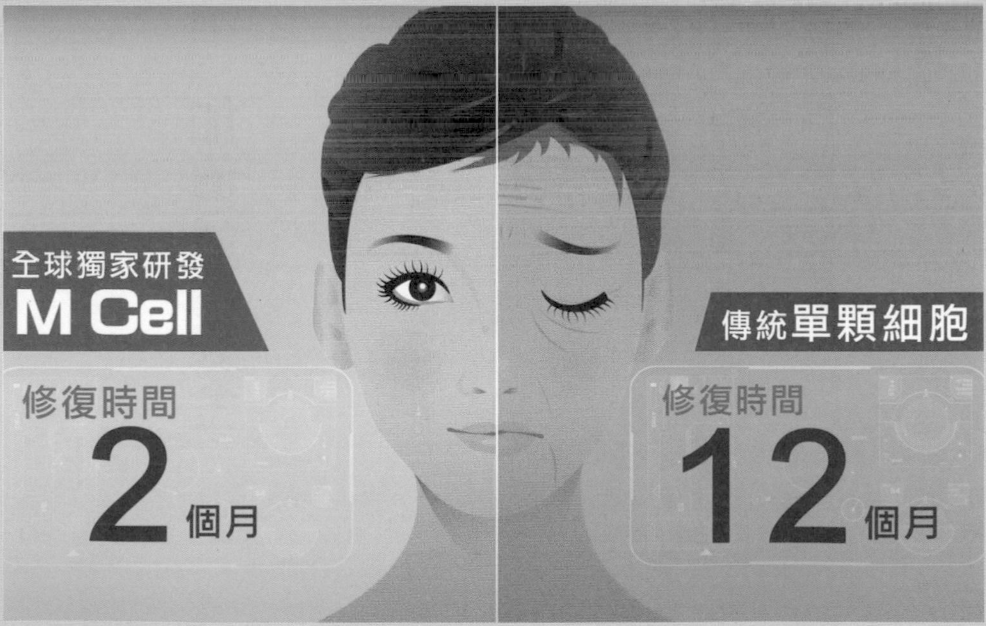

▲ 自體纖維母細胞產品「My Cell」可將細胞施打在臉上，用於皮膚修復再生，能作為醫美產品。

凱亞良品

永續智慧養殖　加值台灣綠金

全球氣候暖化，災害頻仍，土地、水資源也面臨過度開發使用及污染問題。台灣從農人口老化，有勞力斷層、農產品消費結構轉變、消費者更注重食安問題，面對這些農業面臨的新世代挑戰，有強大ICT產業基礎的台灣，在水土資源有限局限中，要增加農業產值與提升產品品質，莫過於仰賴先進的科學技術。

「智慧農業」將有望解決當前農業發展困境，透過智慧化生產管理，突破小農單打獨鬥之困境，提升農業整體生產效率與量能，並藉由物聯網與大數據分析技術，建構主動式全方位農業消費與服務平台，提高消費者對農產品的信賴感。

凱亞良品創辦人鄭志強從事養殖業十多年，運用水下智慧監控系統、自動化清淤機，並積極投入漁電共生、產銷履歷認證，致力推動智慧的永續農業，二〇二一年還獲得產銷履歷達人殊榮。透過鄭志強的養殖經驗，與前交通部長林佳龍對談，來探討台灣農業在疫情衝擊與全球永續目標下，如何透過智慧農業維護人們的糧食安全與地球永續發展。

產學合作　推升智慧農業

鄭志強：

養殖會遇到很多的問題，三年前到高雄永安養殖

▲ 為解決台灣農業人力短缺問題，智慧農業勢在必行，本集節目探討台灣農業的未來。

場的時候，那時連續下了一、二個月的暴雨，強降雨導致原本兩三度的鹽水變成零度，等於從海水變成淡水，所有的蝦子都死光。後來強降雨變成慣性，幾乎每年都會發生，所以我們就考慮蓋溫室，把颱風和雨隔絕在外，可是投資成本就非常高；剛好我們在蓋的時候，光電公司就找我們配合「漁電共生」來承租屋頂，每個月可以多幾萬元的綠電收入來分攤成本。

我們也跟台灣大學生機系教授朱元南技轉他的水底清淤機，用電動的方式大面積排污，讓水質可以做最好的控管，否則排泄物一直留在池底，魚蝦就很容易感染生病。學校投入很多的研究經費，把研究好的成果技轉給我們，這是一個良性的循環，但也因此，養殖的成本還是比較高一點，希望將來可以大量製造，讓漁民可以用比較低廉的價格使用設備。

結合數位科技　提高台灣農業競爭力

林佳龍：

新農業一方面是導入科技，相對傳統比較自然農法的小農，是高投入、高收入的產業。目前最重要的

▲ 前交通部長林佳龍分享政府現行的農業政策，與凱亞良品創辦人鄭志強一同討論政府在未來可提供的輔導政策。

目標是要發展智慧農業，不只是硬體設備，還要導入AI大數據的分析，還有養殖環境、氣候變遷的控制，都要能反映在新農業裡面。新農業要提高附加價值，它是結合生產、生態跟生活，而且要能因應全世界環境的改變，像是因疫情塞港缺櫃導致物流的問題，以及氣候變遷的糧食供需問題，還有減少碳足跡並結合在地的需求等等。

台灣產業有很高的競爭力，可是缺少好的商業模式，在策略上台灣已經慢慢走出一些路，以產學研的能量導入到智慧農業裡面，帶入一些創新的做法，像農糧署推出加工設備共享的電子地圖，媒合有需要的農民至農產採後處理及加工設備服務場域；漁業署也成立「水產加值打樣中心」，提供初級加工試作服務。

我在擔任台中市長時，也推動「青年加農・賢拜傳承」計畫，教導青年農民從生產、加工、包裝、行銷甚至自產自銷後的售後服務等要領，結合數位科技，不必單打獨鬥。

▲ 凱亞良品佔地十五甲，設置中央排污循環系統，控制水質外也節省人力成本。

創新應用　打造永續養殖環境

鄭志強：

我們跟海洋大學劉擎華老師技轉的水下觀察裝置。過去我們養蝦投飼料到水裡去，因為池子看不到底，要用人工拉一個料盤去觀測吃的狀況，但多少會誤判，有時候一忙起來就沒時間到現場；有了水底攝影機的技術後，我們可以透過手機直接看蝦子吃料狀況，再用軟體去分析吃的時間，去判斷使用的餌料，去判斷吃得慢是因為在脫殼，還是因為氣候比較冷等，可以及時地發現並調整養蝦狀況。

我們跟工研院合作，把製造水泥的原料拿來做魚塭的披覆材料。通常要製作水泥，一噸會產生八百五十斤的二氧化碳，這對環境是污染。我們的做法是直接把這個原料夯實在土堤上面，可以降低製作排碳量，硬化之後可以取代混凝土，而且價格便宜很多。用創新批覆材料打造魚塭，雜草長不出來，不需要除草劑，不會有泥土流進池裡，水質能變乾淨，有效控管水質。

▲ 凱亞良品投入魚電共生行列，能為魚蝦打造良好生長環境外，還能增加綠電收入。

永續循環經濟　須政府民間一起努力

林佳龍：

智慧農業也是永續農業，全世界很清楚的目標就是淨零轉型，是農業發展的挑戰也是機會。因應趨勢，農委會主委陳吉仲成立了「氣候變遷調適及淨零排放專案辦公室」，推動農業的淨零排放；這有三項執行內容，分別是「減排」、「增加碳匯」、「使用綠能」，透過漁電共生產生綠電、使用有機肥、綠化造林等方式。

現在消費者接受用稍高價格買安全、高品質的農產品，重視食安健康，反映出永續農業重要性。永續涉及到循環經濟，包括水循環、農業廢棄物、農業資材循環利用等。我看到凱亞分散式的水處理設備，有中央排污系統做好水循環，有效搜集淤泥與魚蝦排泄物做有機肥，都是很好的做法。

「青年加農・賢拜傳承」計畫也是導入非常多循環經濟的概念，讓留農率高達九成，讓年輕人覺得有未來，就要導入高科技。永續農業具循環經濟，可以提高產品價格。創造永續農業需要政府、跨部會，還

▲ 凱亞良品用智能且無毒方法養殖飼養白蝦，提升產量與品質。

有民間的力量一起支持。

呼籲成立產銷合作社　打開國際市場

鄭志強：

我在那個食品展上，有國外的客人要跟我訂貨，訂貨量達十幾、二十個貨櫃。那樣一次訂購，但我不敢接。一來我沒有那麼大的量，再來是我們有做產銷履歷，如果我們貨不夠要去跟別人拿貨，可能我們擔心對方的產品是否符合檢驗標準且是否沒用藥無毒，這是一個困境。如果政府可協助建立合作社模式來幫忙媒合，合作社還需要建立冷鏈加工，透過快速又效率的加工保存來保鮮，並建立合理的收購價格，讓漁民敢加入養殖行列，這樣農民才可以打團體戰接國外的訂單

此外，漁電共生雖然立意良好，但現在物價上漲，原物料漲了約四成，可是台電收購的電價沒有漲，反而逐年在遞減，投資者他可能不一定願意要花這個錢。雖然魚塭地主會租地給光電公司去設置這些設備，漁民有租金的收益，但饋線不足，無法讓業者

▲ 凱亞良品採自動化投料設備，可定時定量噴餌料，節省人力成本。

施工，會降低業者投入意願，也導致地主無法建置太陽能板，沒有租金收入的誘因，就會讓土地閒置（編按：饋線是指一種電力設施，可視為電線。從電廠、發電設施等發出電力後，必須仰賴輸配電線路傳送電力，經過變電所降壓轉換）。

提供智慧農業解決方案　增加國際貿易實力

林佳龍：

我想凱亞良品所面臨發展的問題，也是政府要去解決的問題，包括產銷履歷要推廣，甚至要打通國際認證標準，未來須加強雙邊、多邊的貿易談判，另外就是產銷供需、綠能設備建置補助問題，這些都是很寶貴的回饋。新農業真的要成功，是需要政府跟業者，還有大家一起來支持。

我最近擔任無任所大使，在負責推動數位外交，其中一個很重要的推廣項目就是產業創新、創造共好。這裡面我覺得有幾個重點，我們要改變我們過去農漁產品出口賣單件產品的模式，還要賣包括設備跟後面的服務，可以去推動輸出整套農漁業智慧綠能環

▲ 從捕撈到包裝，整個過程需一小時內完成，確保水產的新鮮度。

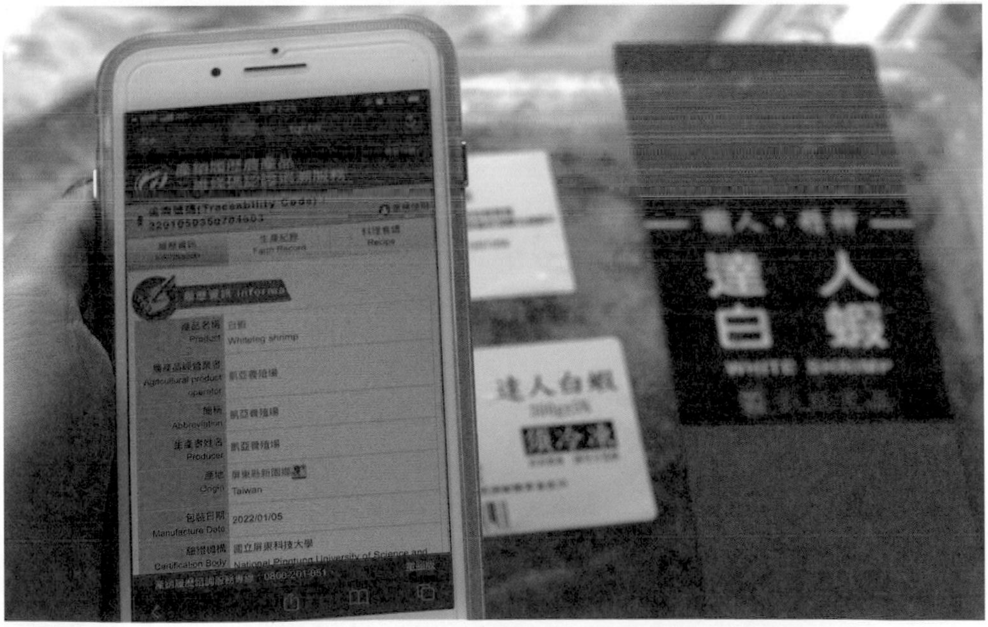

▲ 凱亞良品的白蝦有加入產銷履歷認證，消費者可以掃QRcode，追溯白蝦的生產紀錄。

控生產設備，包括溫室、系統化服務、設廠後續管理服務，包括資料跟數據AI物聯網管理，可以根據市場特性，提供系統性整合解決方案。

凱亞良品已經可以做出很好的整廠、整線輸出，包括未來還可提供魚苗、設備、材料、管理服務。政府必須要把內循環經濟做起來，並做好產銷品質控管，剩下的就是政府國際貿易談判，為台灣農業打開國際市場。

凱亞良品基本資料

成立年份	二〇一三年
資本額	二十四萬元
主要業務	水產養殖、水產批發、漁業服務

預見大未來

精彩影片掃描　智慧科技系列

智慧農業綠金帶動者——凱亞良品

監製　大肚山產業創新基金會

製作　鑫傳國際多媒體科技

【未來科技．現場直擊】

新農業科技應用　智慧養殖進入新紀元

台灣農業要如何兼具永續、經濟與競爭力，一直是我關注的議題。這次造訪凱亞良品，拜訪二〇二一年的產銷履歷達人鄭志強，他為了永續理念，在養殖場導入許多科技創新應用。

為了節省人力與有效提升養殖效率，鄭志強引進ＡＩ智慧水下監控系統，在養殖池裡放攝影機，透過大量照片與影像紀錄讓電腦判讀分析，評估蝦子健康與吃料狀況，可結合自動投放飼料系統定量撒料，另外還可監控溶氧量、鹽度、溫度、ＰＨ值，製造蝦子良好生長環境。

走入養殖場，放眼望去可看到大片的屋頂太陽能板。鄭志強說，他為改善強降雨帶來的災害，蓋了室內養殖場，做太陽能發電，每年可以創造約三百萬綠電收入，還可為魚蝦遮風擋雨。

鄭志強還做整個養殖場的中央循環系統，運用自動清淤機，可將養殖池裡的魚蝦排泄物、未吃完的飼料經由池底中央排污系統抽取排放，確保水質並降低異味。污水經過處理後，可大幅降低污水直接排放所造成的環境污染，乾淨的水質更提升了烏魚存活率。

這次外景走到高雄沿海，讓我深深感動，看到台灣農民導入創新應用在養殖業，台灣過去在育種研發都受到世界肯定，希望未來台灣能組科技農耕隊，將技術輸出國際，展現台灣的傲人實力。

▲ 前交通部長林佳龍前進高雄凱亞良品，了解白蝦達人鄭志強的智慧養殖方法。

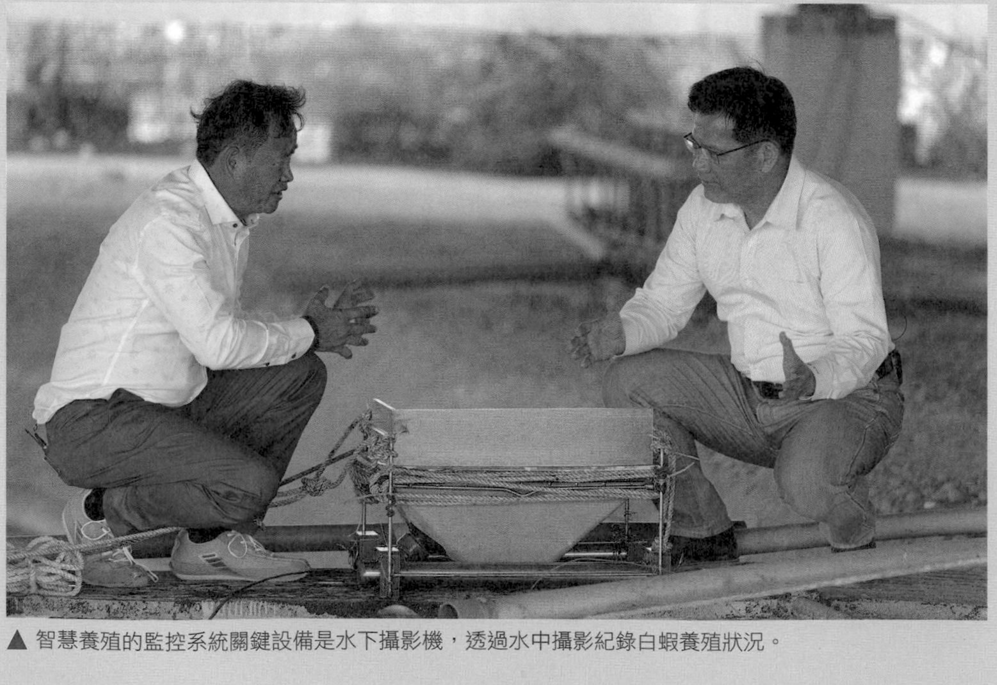

▲ 智慧養殖的監控系統關鍵設備是水下攝影機，透過水中攝影紀錄白蝦養殖狀況。

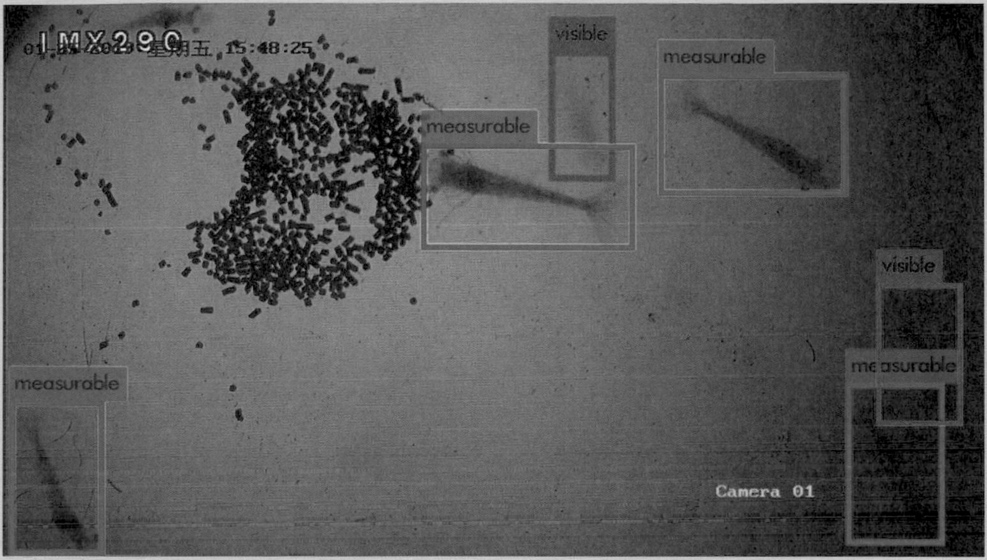

▲ 水中攝影機可紀錄白蝦吃餌狀況，再透過大數據分析判讀後，通知雲端系統啟動自動投餌料。

▲ 自動清淤機可定時清淤，節省人力外，良好的水質更提升水產育成率。

▲ 前交通部長林佳龍在陽光下，觀察白蝦晶瑩透徹外觀，了解判別白蝦的鮮度方法。

▲ 白蝦質地Q彈，沙筋明顯，是健康白蝦的入門判斷基準。

5+2產業創新計畫：26家企業開創黃金縱谷科技新未來

HIWIN®
上銀科技

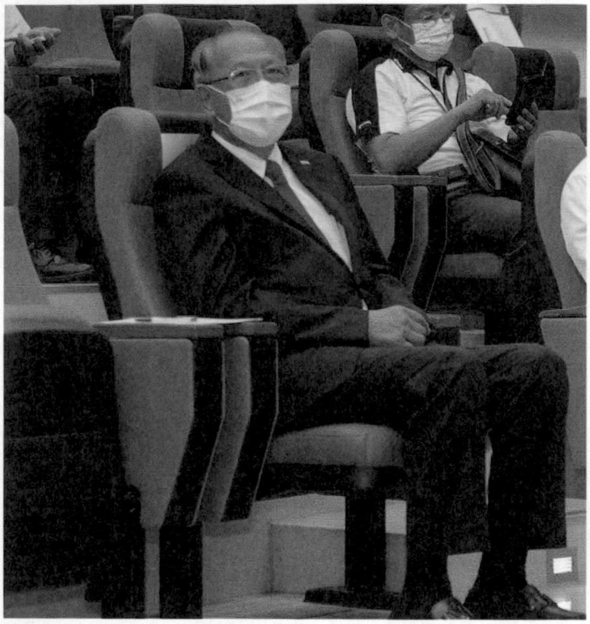

▲ 上銀科技總裁卓永財

上銀集團

全球前三大傳動元件大廠
上銀科技助製造產業升級

上銀科技一九八九年於台中成立，不僅是國內相當重要的精密機械製造商，更打破過去這項產品長久以來均掌握在德國、日本、美國等先進國家的局面。至今，上銀已躍居全球前三大精密滾珠螺桿及線性傳動元件大廠，全球前三大半導體廠設備的定位需求，都使用上銀的定位零件與技術。

十年磨一劍開花結果
加速開拓新產品與新市場

上銀是國內傳動元件大廠，生產的主力產品滾珠螺桿、線性滑軌，正是精密機械三大核心傳動元件之

▲ 上銀科技董事長卓文恒（左）

二。以滾珠螺桿舉例，沒有它來扮演「傳動」與「定位」的功能，即使一台機器已組成了百分之九十九，仍然無法進行精密加工的運作，傳動元件之於精密加工的重要性不言而喻。

不過隨著工業4.0浪潮，又經歷中美貿易戰與新冠疫情等衝擊，全球生產局勢都隨著改變，上銀也需要迎合產業變革，展開新的布局。董事長卓文恒表示，除了既有產品，上銀開始發展一些新產品、新應用，包括智慧型滾珠螺桿、多軸機器人等，這些都是上銀「十年磨一劍」的產品，經過長期布局後，如今開花結果。

除了搶先同業推出全球第一款具備工業4.0功能的滾珠螺桿，看好未來工具機朝向複合化與五軸化設計發展，另一項新產品AC軸迴轉工作台，在高階工具機的應用，目前已切入日本第二大工具機業者供應鏈。

除了精密機械關鍵零件，上銀投入的機器人領域，也有重大突破。近年上銀成功打破日本企業寡占，自行開發機器人的心臟——諧波減速機，至此上銀已能完全掌握包括減速機、馬達與控制器等機器人三大核心技術，達到百分之百自製，不僅有助降低國產機器人成本，也藉由掌握關鍵技術，幫助上銀搶攻機器人商機。

新產品、新市場應用遍地開花，對於上銀而言，有個很重要的關鍵，就是整合前端製程。董事長卓文恒提到，上銀過去做了非常多垂直整合，包括前端的材料、專用機開發等，都掌握在自己手中，近年上銀也從元件、次系統到系統件，一路發展至機電整合服務，一步步從製造業，轉型為製造服務業。

協助製造業升級
經營文化、人才培養也不放過

為驅動台灣3K產業升級轉型，建立傳統金屬加工產業智慧製造的典範，傳動元件大廠上銀科技更是扮演了系統整合的角色，推動水五金及手工具產業領航計畫，協助隴鈦、勝泰、伯鑫及銳泰等四家水五金／手工具業者，以製造執行系統（MES）管控設備即時資訊、生產數據、生產排程，並運用智慧機器人進行上下料、研磨拋光等作業，建置高彈性智慧生產線。同時，從「經營文化」與「人才培養」兩方面著手改善，全面協助落實產業升級轉型。這項計畫也成功帶動相關領域業者，積極投資導入數位管理，及建置機器人作業的智慧製造產線，投資金額超過十三億元。

上銀集團總裁卓永財表示，以往水五金與手工具產業大多是中小企業，但產品大部分外銷先進國家，沒有內銷市場可以支撐，因此生存難度非常高，上銀希望協助兩大產業，藉由導入智慧機械改變工作環境，促成產業升級轉型，成為高值化產業，並可成為台灣其他傳統製造業的學習典範，讓更多的其他產業往高階製造中心邁進，帶動台灣金屬加工產業在未來能夠改變生產型態與形象，也大幅提升台灣金屬加工產業在國際的競爭力。

（本文出處：DIGITIMES科技網）

（企業Logo圖檔由上銀科技股份有限公司提供）

台中精機

台中精機七年智慧布局 快速接軌後疫情時代

受疫情席捲全球、產業衰退的影響，機械業與工具機產業未來將面臨更大的挑戰，業者紛紛加強體質，透過產業升級轉型累積實力。而工具機大廠台中精機，則是布局七年打造智慧工廠，在透過物聯網架構、數位化管理及機械手臂、AGV等自動化周邊技術整合下，達到一百五十五種不同規格零件的彈性生產，成為工具機產業的典範之一。

趁疫情加速整頓，掌握市場需求

大環境與疫情衝擊，機械業與工具機產業可謂屋漏偏逢連夜雨，台中精機董事長黃明和表示，的確感受到這波衝擊很大，但相對地，也顯示出提早布局的重要性。台中精機先前布局七年打造的智慧工廠，剛好就趁這波疫情期間加速整頓，迎戰工業4.0浪潮。

台中精機的這座智慧工廠，前後就花了三年規劃生產流程動線。其中，智慧加工線可說是整個智慧工廠最大的亮點，目前已做到幾乎全自動化生產。新廠所建置的四條智慧加工生產線，在多種自動化周邊技術包括機器手臂、AGV等，與耗時六年開發的資訊系統等軟硬體技術整合下，可自動加工多達一百五十五種不同規格的零件，發揮最大彈性生產效益。

這當中台中精機也做了許多「大工程」，其中的關鍵是把規格標準化。從每種零件的規格、加工參

▲ 台中精機董事長黃明和

數、夾治具等都做成資料庫，如此一來，當工單指令一下達，系統快速連結資料庫，產線可以瞬間換線換模，運用機器手臂自動上下料加工，甚至還可進一步自動偵測加工品質，或透過智慧排程最佳化設定每日加工數量。

不只產線自動化，台中精機也透過打造多達一萬個儲位的智慧倉儲，利用AGV自動搬運達到廠內物流與產線串接的全自動化，送料時間從五分鐘降到二分鐘，每個月估可節省七十小時人工。

數位轉型已是全球製造業的必修課

就像過去機械業借助精實管理，在生產管理方面獲得諸多改善，但未來分散布局、遠距工作模式成為趨勢，數位轉型已是全球製造業的必修課，隨著大環境演變，如何奠基在原有基礎創造更大的價值，是未來業者的關鍵命題。黃明和觀察，未來透過數位化「綜觀全局」會是工廠管理相當重要的關鍵，像台中精機，是高度垂直整合的整機廠，零件七成自製，包括位於后里的鑄造廠、精科的加工廠，以及彰濱工業區的鈑金廠等各自專業分工，這些都要一起整合。而更別說工具機產業經歷超過七十年發展下，所建構出完整且複雜的供應鏈體系。

而這座智慧工廠同時也是台中精機培育人才的重要基地。台中精機現在不只要賣機台，還要賣服務，輸出Total Solution。黃明和指出，當客戶要買整條線，是多台機器設備的整合，從單機變系統，售服能力也要跟著提升，因此台中精機現在也積極在廠內加工單位中，從技術面自主培養智慧機械售服人才。

也許外界會質疑，不是大量生產的工具機產業，投資這麼多自動化、智慧化設備，是否不符投資效益？但黃明和認為，這是必要投資，除了量化的效益，事實上更大的價值，是顧客對你的信任，以及對當前人才難尋的解方。

（本文出處：DIGITIMES科技網）

利茗機械

掌握機器人「心臟」
利茗機械國產減速機出頭天

在工業4.0的浪潮中，機器人被視為最關鍵的自動化設備，但其關鍵零組件之一的減速機，過去因掌握在歐、日少數廠商手中，導致機器人成本居高不下，也成為機器人普及的最大障礙。所幸近年台廠努力耕耘，包括傳動元件大廠上銀與利茗機械，都在精密諧波減速機市場中，擁有自製能量，藉由掌握關鍵技術，台灣或在未來機器人與自動化設備商機中，在全球供應鏈取得一席之地，也推動台灣智慧製造更加往前邁進。

開發機器手臂　是利茗無心之舉

在利茗機械的大廳裡，擺放著一隻機器手臂，拿杯子、遞咖啡，動作一氣喝成。其實，這隻機器手臂是利茗自己做的。不過令人好奇的是，利茗的本業是減速機製造商，怎麼會生產機器手臂？總經理林育興解釋，其實利茗無意跨入機器手臂市場，不與客戶競爭，但做出機器手臂實「純屬意外」。

利茗機械投入減速機製造超過五十年，從過去專注於傳統剛性減速機，近五年則是投入高附加價值的精密諧波減速機和RV減速機。當初是想向客戶驗證自家減速機產品，利茗乾脆自己設計、組裝，用機器

▲ 利茗機械總經理林育興

手臂當作Demo，但意外發現頗堪用，就連利茗也把原先工廠中使用的日牌機器手臂，換成自家人。林育興透露，整個機器手臂的成本甚至因此減少一半。

現在利茗不只做機器手臂的關鍵零組件，還順便將其做成套件，提供給客戶或欲跨入機器手臂市場的開發者使用，客戶可以參考利茗的方案，或買回去自己重新設計，就像樂高積木一樣，自由發揮。而若想掌握未來機器人或自動化設備商機，技術自主及國產化的重要性不可忽視。

客製化精密減速機　殺出市場藍海

精密減速機是一個高技術門檻、高資本、慢回收的產業，一個減速機裡面完全是由高精度的元件、齒輪相互嚙合，對材料科學、精密加工裝備、加工精度、組裝技術、高精度檢測技術等都有相當高的要求。雖然利茗投入精密減速機的時間並不長，但因過去深耕減速機半世紀，透過不斷累積的生產研發實力，在精密減速機市場，才得以慢慢開花，成為國內少數有能力量產的製造廠。

林育興認為，在資源有限之下，台灣不和大國或大廠爭搶減速機紅海市場，而應該朝向客製化發展。利茗可以根據客戶需求，配合電機與機構大小客製化關節模組，在客戶對體積、成本的特殊要求下，開發客製化機種，這對不論是客戶或利茗來說，亦能在全球智慧製造市場中發揮關鍵競爭力。包括全球知名E-Bike到蘋果供應鏈的設備，裡頭所採用的減速機，就是利茗客製化機種，而目前客製化也已占利茗業務達百分之四十。

在疫情之下，各行各業難免遭受衝擊，但製造業卻開出紅盤，也帶動機器人、自動化設備需求看漲。林育興指出，疫情創造許多商機，包括口罩機、自動核酸檢測機，以及爆量的網購需求，導致自動無人搬運車需求增溫等，讓身處上游零組件供應的利茗，訂單滿手。

而這或許只是開端，他也看好，未來機器人或自動化設備商機將有增無減，特別是無人搬運車，會成為繼機器人之後的另一個顯學。利茗已獲全球多家AGV大廠訂單，甚至已超過工業機器人，林育興直言：「至少未來十年，這個趨勢不會改變。」

（本文出處：DIGITIMES科技網）

（企業Logo圖檔由利茗機械股份有限公司提供）

鋭泰精密

銳泰斥八億推動智慧製造　靠彈性生產在疫情中突圍

只要是用零件組合而成的產品，百分之九十九都要靠螺絲組裝，而只要有螺絲的地方，都會用到手工具。事實上，「台灣是全球前三大手工具產業出口國，且在中高階手工具代工全球第一名」，業界道出了台灣在手工具市場的重要性。而成立於一九八四年的銳泰精密，就是主要生產中高階工業級的套筒扳手大廠。所謂「套筒扳手」，就是把螺絲鎖緊、轉開的工具，與低階DIY級產品不同，像是在F1賽車、雙B等車廠維修必備工具中，都有銳泰設計代工的身影。而銳泰斥資新台幣八億元打造的智慧工廠，更是手工具產業競相學習的典範。

向德日大廠取經　斥資八億打造智慧工廠

切入高階市場，是台灣許多傳統產業進入高值化轉型的必經之路，這項挑戰不諱言相當大，但反而也成為業者加速智慧製造的決心。銳泰董事長游祥鎮於二〇一九年底正式啟用位於嘉義大埔美的智慧工廠，結合智慧物流的倉儲系統可說是工廠的心臟，但智慧製造不是只有物料管好就好，包括機台、生產排程、加工參數、模具以及夾治具等，都在各環節中扮演關鍵角色。

現場四條智慧產線，共由四十個工作站、一百二十台設備組成，其中最大的特色，就是將原本離散型

▲ 銳泰精密董事長游祥鎮

的生產線，改以單元生產（Cell Production）方式進行。小批量的生產模式，由機器手臂組成的單元加工站，在經過整合與程式標準化後，能夠取代老師傅人工作業。因此從過去要花三十分鐘換刀、換模與調機，現在只要一分多鐘就能快速換線。這意味著，在少量多樣需求下，能夠在不同規格的工單需求下，達到彈性生產的能力，進而讓每筆訂單的交期，從四十五天縮短到十五天。

除此之外，這前後最大的差異，還有過去產線旁堆積如山的半成品已不復見，取而代之的是材料的精準到位，無縫銜接每一道加工製程。游祥鎮透露，過去堆積在產線旁的製品每桶都有一百公斤，現在只剩下四十公斤，除了消除庫存浪費，也讓整個工廠環境煥然一新。加上新廠員工多是年輕人，在銳泰的智慧工廠中，已沒有傳統「黑手」工廠的影子。

數位轉型要一步步堆疊　不可跳躍式前進

銳泰在智慧製造布局多年的成果，受到終端客戶的高度認可，也使得其在這次疫情中能夠與其他競爭者拉開差距。但事實上，銳泰在投入智慧工廠建置的這段過程中，背後可說是承受相當大的壓力，堪比背水一戰。

「因為當時業界幾乎沒有成功案例可以觀摩。」游祥鎮回憶，當時以全新廠房與設備加總八億元的投資額，在不知道結果為何的當下，對於一家中小規模的傳統製造業投入智慧製造來說，是需要相當大的勇氣與決心。過程雖然很糾結，但他也慶幸當時的堅持與破釜沉舟的決心，才能讓智慧工廠開花結果。在他眼裡，上位者不輕易妥協的決心很重要，「因為過程一定會有不如預期的情況發生，進而產生糾結的心理，但這時心態的調整就相當關鍵。」

而在投入智慧製造過程中，最難也是最關鍵的地方，則是整合。智慧製造系統不只是導入自動化，還要智慧化，而軟體就是決策的大腦，這就相當考驗軟硬整合的能力。除了單一工作站的系統要整合，四十個工作站之間與智慧倉儲也要整合。但游祥鎮強調，一旦整合完畢，當系統標準化後，也代表人為介入的機會越少，不可控的因素降低，所有的事情都會變得井然有序，「就像代入數學的方程式，無論參數如何變化，都能迎刃而解。」

他認為，如果手工具產業能夠朝向電商平台發展，在全球化效應下，手工具產業很有機會向外拓展更大的市場。而數位化通路平台，還扮演一個相當重要的角色，即串連上下游產業鏈。畢竟，單獨一家企業要自己發展平台很難，而且效益也不大，透過數位通路平台，可以讓手工具上下游產業鏈等能在平台中串連，以打群架的方式，向海外拓展市場，增加能見度。

（本文出處：DIGITIMES科技網）

國倉機械

製麵機量能革新
國倉機械加快智慧化布局

透過機台數據的完整擷取，讓生產資訊透明，進而衍生出多種智慧功能的概念，這兩年已逐漸被應用在各類型製造場域中。國倉機械長期提供國內外食品大廠各類型製麵機，業績相當穩定，但近年仍積極展開工業4.0布局，逐步啟動數位轉型。

產業需求差異大　製麵機特色截然不同

國倉機械成立於一九六七年，長年供應國內外食品大廠各類型製麵機，累積了龐大的生產經驗。總經理王健倉表示，除了泡麵外，速食麵還包括水煮麵、義大利麵，另外超商、超市裡的微波低溫食品，也被歸類於此。因此製造生產必須顧及多量與多樣，在此態勢下，智慧機械是必走之路。

在多數人眼中，製麵的原料非常簡單，無非是麵粉與水，但其實不然，光是不同種類的中式麵條，配方就有差異；再與其他麵種相比，義大利麵與其他麵類，所使用的小麥種類也不同。「如果再加入馬鈴薯、玉米等，都可能成為特定國家的泡麵食材，複雜度會更高。因此食品業必須要將系統從自動化升級到智慧化，才能精準掌握產能，快速回應市場需求。」王健倉指出。

▲ 國倉機械總經理王健倉

解決製程困境　智慧化已成大勢

由於製麵機是食品大廠最重要的合作夥伴，雙方的互動非常緊密，因此製麵機必須即時調整機台設計，方能滿足客戶端需求。國倉機械近年推出的製麵機，就導入智慧化概念，在機台內部裝設感測器，偵測製麵機的溫濕度、震動等數據，並將此數據可視化，讓後端管理人員可以精準掌握運作狀態。

除此之外，國倉機械也將專家系統建置於機台內。王健倉表示，製麵的配方、流程雖然都已經標準化，但其中還是有資深人員才有的專業，泡麵麵體的波紋密度就是其一。為了在有限空間置入足量的麵體，泡麵的麵條必須設計成彎曲波紋。波紋的密度對泡麵的重量影響甚大，而由於麵體的密度形狀無法量化，所以現在製麵業者在這個環節，仍然採人力監管做法。

數位專家　讓老師傅專業不失傳

「國倉機械導入專家系統後，則可透過數位化方式，記錄老師傅的專業，除了將之納入智慧製造系統的一部分，也可傳承給年輕員工，解決台灣傳統製造業因人力不足，造成經驗失傳的困境。」王健倉說。

王健倉認為，智慧機械策略是台灣產業機械廠商，永續經營的必要布局，而台灣的強項，在技術與服務。技術方面，台產製麵機品牌雖不如日本大廠知名，但機台功能與穩定性，已獲市場肯定，而在高品質基礎下，服務就成為台灣業者最強大的競爭優勢。

透過智慧機械，國倉機械順勢跟上食品業客戶的數位轉型腳步，維持雙方的緊密互動。除此之外，該公司也致力多樣化經營，針對不同國家的市場需求，推出最適化機台，「除了台灣、中國、日本之外，東南亞、中亞、歐美，甚至是南非，都有我們外銷的機台。」對於未來發展，王健倉則表示，智慧化是必要策略，「在此同時，國倉也會致力於產品的多樣性，滿足不同地區的消費者需求，並且提供更完整、更具彈性的設計服務，持續強化競爭力。」

（本文出處：DIGITIMES科技網）

（企業Logo圖檔由國倉機械廠有限公司提供）

GIZIN
吉徑科技股份有限公司

吉徑科技

吉徑科技全球最快換刀系統 征服日本工具機龍頭

未來工具機產業的發展，均以追求高速、高精度、高效率為目標，在提升生產技術能力這部分變得越來越重要。專注研發凸輪式自動換刀機構的吉徑科技，早期與日本技術合作，研發全球最快的換刀系統，滿足日本市場嚴苛的品質要求，也因此獲得日本工具機龍頭Mazak、Okuma的青睞，展開長期合作關係。

與日本技術合作　研發全球最快換刀系統

「我們不一定是最大的，卻是最好的！」吉徑科技創辦人暨董事長楊金振自信地說。台灣機械加工的換刀速度平均約在一點五至兩秒，日本則是一秒以下，吉徑科技的換刀技術則是零點五秒，是迄今全球最快速的換刀系統。對工具機加工過程來說，換刀速度分秒必爭，吉徑科技在換刀速度上，取得突破性的進展，這也始於一場與日本的技術合作。

楊金振解釋，與台灣市場一般做標準品不同，日本市場則大多以客製化為主，這讓一家規模不大的日本工具機業者，很難在市場上找到能符合客製化需求的製造商，在遍尋不到合適對象時，恰是對方舊識的楊金振，便成為這家客戶的重要合作夥伴，與日本的技術合作也就此展開。

雙方一拍即合，經過台日兩方技術深度合作，

▲ 吉徑科技創辦人暨董事長楊金振

吉徑科技與日本客戶成功開發出換刀時間只需要零點五秒，具有全球最快換刀系統的鑽孔攻牙中心機（Tapping Center），並將其應用於汽車零件生產線中。時至今日，吉徑科技仍為這家日本工具機客戶持續出貨。

台灣是蘋果（Apple）的重要供應鏈，在智慧型手機、平板電腦的生產過程中，由於需要鑽孔攻牙機對機殼外框進行修磨、拋光與鑽孔等動作，對於像3C產品這種生產量日益擴大的產線來說，換刀速度越快，代表具有越快的生產效率。「日本對換刀速度的要求很高，連零點一秒都相當重視！」楊金振說。

跳脫價格思維　台灣機械業應強化整合能力

台灣自二〇一七年起推動智慧機械產業發展，未來希望最懂機台生產技術的設備業者，扮演更重要的角色，跳脫既有商業模式，逐步發展成系統整合商，未來不僅要賣機台，更要賣服務。

楊金振觀察，台灣機械業的協力廠雖然相當完整，能力也強，但就是因為什麼東西都有人幫忙做，反而讓機械廠缺乏鍛鍊整合能力。他進一步指出，未來終端客戶要的，其實是一套解決方案，通常客戶也不會告訴你怎麼做，只能自己想辦法做出來。因此像是日本機械廠大多具有設備加工能力，但台灣除卻大廠，大部分都是裝配廠，加工能力與人才都相對缺乏。然而，整條線的加工設備需要很多不同技術的整合，如果沒有整合能力，就比較吃虧，這也是台灣機械業一直以來比較欠缺的部分。

談到未來對智慧製造的看法，楊金振則說，智慧製造不能只是單機運作，系統化的智慧化才有意義，因此未來台灣機械業在系統整合這塊仍是產業要持續努力的方向。其次，台灣機械業現在開始面臨日本跟中國往中價位市場夾殺，一方面產業無法控制匯損，另一方面中國發展積極，成長態勢已隱隱有趕超台灣的趨勢，是不可忽視的強大競爭對手，因此台灣機械業還是應設法從中找到價值，跳脫「價格」的思維去服務客戶。

（本文出處：DIGITIMES科技網）

六星機械

齒輪界勞斯萊斯
六星機械二代接班協助轉型

「所有需要高精度齒輪及齒輪箱的客戶，都可以放心交給六星！」六星機械是台灣歷史悠久專業生產工業用精密齒輪的領導大廠，不僅重資引進歐洲、美國及日本最頂級的齒輪生產及檢驗設備，並且將重視細節的企業文化發揚光大，對品質與精度的嚴格要求，讓六星機械獲得國內齒輪界勞斯萊斯的美譽。

不斷自我要求與挑戰，打造六星級齒輪王國

自一九七五年成立至今，六星機械為了打進國際供應鏈市場，購置成套設備，整合生產製程，更耗資引進國外頂級檢驗設備，嚴格監控品質，讓六星機械從原本的代工商，成為具備獨立接單能力的國際機械零組件供應商。

隨著時代趨勢以及二代陸續加入，六星機械更不斷自我挑戰、轉型，並於二〇一四年，成為全台第一家通過AS9100航空品質系統認證的齒輪公司，進軍航太產業。現在的六星不但擁有自己的齒輪設計團隊，生產範圍涵蓋工具機、航空、農機、機械手臂、變速器、油壓幫浦以及工業機械等產業，如Boeing、Bosch、Toshiba、Danfoss等知名企業，皆建立密切的合作關係。

▲ 六星機械董事長特助黃呈豐

延伸核心價值，二代接棒擴大版圖

六星機械特助黃呈豐，不僅協助四十年的家族企業成功轉型，自己也在英國留學回台後創辦雷星光束，就是有鑑於雷射在精密加工上，已成為重要核心技術，同時也是精密量測的重要工具，看到台灣有不少業者需要客製化的雷射，卻苦無台灣雷射公司配合，而興起創業念頭。除了提供雷射系統整合、光源開發、相關配件設計、開發專案顧問等服務，更成功研發手持式雷射表面處理機，可以精準針對各種形狀的表面或曲面，進行精密除鏽與表面處理，沒有傳統研磨製程導致高損耗的缺點，亦無須任何耗材，應用在自家齒輪產品及其他各種精密零組件上，更有助於保持原有的精度。

不僅如此，雷射技術也應用在文創商品上。黃呈豐與哥哥黃呈鉅兄弟倆合作從成立斯達文星，再到Stella Forza本革九號製所，專門生產高檔皮件產品。乍看之下似乎與家族產業沒有什麼關聯，但傳承了其核心精神，導入科技元素，以少人化的智能生產模式，提升技術品質與門檻，做到小量自動化生產，更承襲了原企業中客製化生產設計能力，並結合運用其雷射雕刻技術，得以在皮件製造業打下一片江山。

成立G2二代協進會，共學共享企業傳承精神

這兩年疫情衝擊，為了力求生存與突破，不少企業接班換血計畫的腳步加快。事實上，早在二〇〇九年，六星特助黃呈豐就已經結合其他幾位企二代好友成立台中市機械業二代協進會（簡稱G2），透過彼此的經驗分享交流，激盪出更多創新的火花，目前已有全台機械業二代成員一百五十多人，不僅是企業界二代裡少見的大型平台，其發展也關係台灣機械業的未來。

黃呈豐認為，企業二代接班人，做好數位轉型和企業傳承，保有第一代「不斷創新、創業」的精神與血液，同時強化自己的韌性與能力，努力打造出屬於自己的招牌，讓企業核心價值與精神，面對不一樣的時局與環境形勢時，得以繼續發揚光大。

（本文出處：DIGITIMES科技網、《大肚山點將錄》系列影片）

MACHAN

明昌國際

占領全美消費市場　台灣工具箱龍頭的品牌經營學

成立於一九七六年的明昌國際工業股份有限公司，原本以鋼製辦公傢俱起家，創業近十年後開始轉型生產DIY與專業級工具箱，並於二〇〇五年推出自有品牌「BOXO」，提供能整合手工具，一站購足的五金工具配套箱。建立起好口碑後，又跨入醫療市場，開發護理推車，推出醫療設備品牌「Bailida」，明昌不僅成為台灣第一大工具箱出口商，產品也已行銷至全球超過七十個國家、逾三百個客戶。

「因地制宜」的品牌經營學

歷經幾次轉型，讓明昌最大的感受是，如果不跳出傳統代工思維，就永遠會被掐住咽喉。「直接面對市場、面對客戶，是我們跨出的重要一大步」，談到品牌經營的成功之道，董事長張庭維分享關鍵在於「因地制宜」。像是明昌旗下主攻五金工具箱的BOXO品牌，在美國市場的主要客群，是訴求個性化的極限運動玩家，因此明昌就把工具箱的外觀設計成鮮豔的顏色。而歐洲市場在設計上就會以低調沉穩的藍色、灰色為主。比起DIY級工具箱，專業工具箱要求特殊結構功能與外觀，而醫療用的護理推車則

▲ 明昌國際董事長張庭維（左）與總經理陳琮仁（右）

跟工業市場不同，不需要冷冰冰的質感，設計思維更要加上許多使用時貼心的考量。為了建立品牌的獨特設計感，明昌還因此成立設計團隊，更曾一舉拿下過德國ＩＦ設計大獎。

「永遠不要將自己困囿於一方天地，多去嘗試」，是張庭維在醫療市場中學到的一課。事實上對明昌來說，新的挑戰其實才正要開始。張庭維過去一段時間曾待在中國，見識過中國企業的狼性，讓自己比別人多了一份危機感，時刻提醒自己，不能安逸於現狀，而最好的防守，就是進攻。因此在張庭維的主導下，明昌從二〇一五年開始就積極導入精實管理，精進製造能力，並在二〇一七年決定投入智慧工廠。

智慧工廠啟動下一個十年

在最關鍵的核心製程塗裝與焊接產線中，明昌除了導入機器手臂自動化生產，也透過ＡＩ實現智慧生產。明昌國際總經理陳琮仁則說，過去的精實生產，是明昌智慧轉型很重要的打底，透過精實先整理出合理的作業流程，這幾年先從廠務體系著手改善，陸續完成製程履歷、設備參數搜集、故障預警等，再延伸到管理端，透過系統整合打破資訊孤島，在輪廓更完整的數據分析下，協助各單位主管進行日常決策管理。

塗裝跟焊接是工具箱的核心製程。表面塗裝品質要穩定，溫度是關鍵，明昌因此導入物聯網與ＡＩ，在烤爐安裝了十個熱感測器來監控溫度，以便在異常情況出現時能夠即時示警，更在塗裝設備上裝加速規感測，來偵測馬達運作狀況，避免產線因設備故障而全線停擺。

此外，明昌也針對相當倚靠老師傅經驗操作的焊接製程，導入機器人自動化焊接設備，透過在機械手臂前端加入雷射感測循跡追蹤，能夠自動調整位置進行補償，避免漏焊影響產品的結構剛性。陳琮仁說，透過自動化產線的標準化，未來只要製程對了、參數對了，品質自然就沒問題。

對於未來，明昌仍沒有停止變革的步伐。目前明昌已計畫投資新台幣十五億元，將蓋一座一點五萬坪、約六層樓的智慧工廠，內部將以智慧工廠為藍圖打造，將智慧製造的想法付諸實現。此外，還要與台灣電子大廠合作，從藥物管理系統切入，結合明昌既有的醫療設備產品，未來朝向軟硬整合的Total Solution發展，善用台灣產業聚落優勢，互相整合資源。在創新這塊，台灣從不缺席。

（本文出處：DIGITIMES科技網）

靄崴科技

靄崴多元布局電控核心 橫跨半導體與精密機械市場

全球車廠鬧晶片荒，背後突顯的議題，就是汽車電控系統的演進日益複雜。而在這個整個電控技術領域中，位於台中的靄崴科技，則是專精於系統整合，橫跨半導體等多元領域布局，以市占高達八成的比例，成為台灣工具機的主力配盤廠。在全球製造業變革與疫情影響下，靄崴更透過智慧服務創值，強化自身競爭力。

迎接製造業變革　布局工業4.0

靄崴最主要的核心是研發製造電控盤，負責提供盤內電控軟、硬整合的設計規劃，因此也可以說是電控系統整合商。一九八九年創立初期原本代理國外大廠的電機電控產品，因為電控系統的發展越來越複雜，靄崴也開始走向發展自有品牌，以「AVEX」為品牌集研發、製造、系統整合與通路於一身。

了解產業需求，並依循各種規範及規格，生產出能符合對方需求的產品，靄崴多元布局，從精密機械跨足輪胎、橡塑膠、化工、液晶設備等領域，並打入半導體一線設備廠供應鏈。此外，隨著全球製造業變革之際，靄崴科技近年也調整布局，將營運重心放在最具未來成長潛力的工業4.0應用方案。

▲ 靄崴科技董事長陳金柏

善用系統整合優勢　搶占ＡＭＲ市場先機

後疫情時代，自動化的需求有增無減，這也帶動相關商機的爆發性成長。看好ＡＭＲ成為下一個明日之星，靄崴也就過往豐富的場域經驗，加上善用自身系統整合優勢，自主整合國內達明協作型機器人與歐姆龍ＡＧＶ產品，進而切入ＡＭＲ市場搶占先機。

而近年來，物聯網技術成熟以及ＩoT部署成本降低，讓數位分身的應用開始起飛，而靄崴也極早開始布局，透過PTC Thingworx平台在市場提供數位轉型方案。董事長陳金柏說，數位分身的好處，在於可在虛擬環境中模擬真實設計，如此一來就可以減少原型製作與測試的複雜性，進而降低成本、縮短開發時間，並確保品質，特別是對於少量多樣的產品開發上，更能有助於加速生產流程。

而在生產後，也可以透過數位分身的虛擬環境來進行監測，如此可有效降低維護成本，甚至透過數位分身來找出使用上的問題，以提升產品價值與售後服務品質。

疫情帶來的兩堂課

二〇二〇年在疫情影響下，工具機產業可說是面臨一場生存考驗，人出不去，無法到客戶端裝機，整個上線計畫被迫延宕，靄崴也面臨到如何在封城狀態下，幫遠在日本的半導體客戶裝機的挑戰。

陳金柏指出，遠端技術並不是一種創新，過去產業也有發展類似遠端監控、可視化等的應用，但經此一戰，他認為，未來產業應該更加重視從服務角度切入。陳金柏呼籲，接下來不論是政府或產業，都應該更加重視遠距服務。

疫情帶來的另一課，則是智慧服務的提升。當初因為缺乏某項關鍵技術與設備，口罩國家隊其實曾經面臨差點生產不出來的困境，這代表著，工具機廠不光是生產機器而已，還要懂得如何使用機器。陳金柏認為，未來工業4.0的關鍵，在於如何結合客戶的使用情境、流程需要、作業習慣等，融入顧客需求，提出整合型解決方案。「以前是單點，現在要賣套餐。」他說。但要賣套餐，也要有能力做套餐，從單機到整線，甚至進一步到整廠智慧化，這中間若沒有服務創值，做不出差異化，終究很難在競爭激烈的市場中存活，這也是台灣工具機業者值得深思的地方。

（本文出處：DIGITIMES科技網）

本土企業

手握電動車大單　齒輪廠本土的「低成本智造」心法

台灣齒輪廠本土，不僅是全球最大電動車品牌在台齒輪供應商，也是航空供應鏈之一，包括波音（Boeing）、空中巴士（Airbus）飛機內部的齒輪零件，都可見本土的身影；前陣子更搶先打造出亞洲首個（全球第三個）電動車二速齒輪變速箱，跨出台灣從汽車零件製造往模組系統發展的一大步。

過去台灣車輛傳動產業多以齒輪零組件生產代工為主，對模組系統設計較少著力，而此次本土與工研院成功開發二速傳動模組，顯示出台灣在電動車供應鏈中具備優秀的研發製造能力，能夠從零組件廠進階為傳動系統供應商。未來本土也盼進一步結合國內馬達與控制器廠商，提供國內外整車廠最佳解決方案，更協助國內汽車零件製造廠轉型為系統模組廠，形成產業價值鏈。

為了迎接電動車新時代，本土近年布局智慧製造，下了不少功夫。本土總經理林益民表示，本土做智慧製造，主要是希望透過自動化達到「低成本製造（LCIM）」的目標，並從單站自動化，最終串成全製程的自動化。

模組化生產　如何影響車輛供應鏈

過往車廠在造車時，會依照車輛定位配置不同規格的設備，如不同升數的引擎汽缸，然而在電子產業

▲ 本土深耕齒輪製造四十年。圖為本土董事長林森（中）、總經理林益民（右）及副總經理林益斌（左）

跨入車輛產業之後，帶來了全然不同的生產方向。作為全球最大電動車品牌在台齒輪供應商，本土與電動車客戶打交道，發現電動車顛覆的不僅是汽車產業百年架構，還有商業思維：設計出適用於不同場景的通用型元件，將模組化作為製造規模化基礎，以彈性組裝創造不同動力表現的車款。

這樣的生產思維，降低了不同車款銷售消長對供應鏈造成的衝擊；在客戶端，亦提高了維修市場對客戶的了解程度，更能預測需求變化，進而提升在存貨管理時的機動性。

林益民指出，車廠藉由配置數量不一的通用型馬達，打造出不同動力級距的車款，進而簡化前置的研發與驗證成本；而與馬達搭配的變速箱，則同樣受惠於模組化帶來的效益。林益民指出，現在不管哪一電動車款銷售衰退、成長，一致的動力模組，都能讓供應鏈得以不被訂單的大量起伏影響。

手握電動車訂單　加速自動化布局

電動車市場成長快速，根據世界汽車工業國際協會（OICA）統計，因受Covid-19（新冠肺炎）影響，二〇二〇年全球新車銷量相較二〇一九年下降百分之十三點八，但其中電動車市場卻不減反增，呈現逆風成長，據統計，二〇二〇年全球總銷量達兩百九十六萬三千輛，成長率達百分之四十六點三，約占車輛市場百分之三點八。

此外，世界各國及跨國企業紛紛提出「二〇五〇碳中和」目標，電動車後勢只會越燒越旺；隨著市場火熱，相關供應鏈業者也積極投入資源布局。

不論身處在哪一個產業，對大多數的製造業者來說，「降本增效」儼然已成為當前產業的核心課題：如何在既有條件、空間下提高生產效率、拉高設備利用率，發揮最大生產效益，自動化在其中扮演的角色實非常關鍵。

林益民表示，製造業者無不希望能夠把產能拉高拉滿，但以現行依賴大量人工作業來說，很難做到，加上台灣也面臨缺工問題，如今導入自動化，儼然已非考慮的選項，而是必然要做的事。

那麼製造業者該從何下手？林益民也表示，台灣大多以中小企業為主體，較難以參照先進製造大國的做法，全自動化生產不無可能，但要視企業屬性、規模與量體而定，而以本土這樣的傳產來說，由於量體不如電子業大，反而更傾向以人機協作為主的生產模式，利用精實生產管理的角度，來評估哪些生產環節適合導入自動化，或保留人工。

導入自動化，應先從生產價值高的地方做起。林益民表示，像是以齒輪製造來說，齒輪加工機的售價比一般CNC加工機貴五到十倍，高階齒輪加工機更長年被歐美大廠寡占，因此對齒輪業者來說，生產設備即是一種重投資，運用得宜，當設備利用率提高，產能放大，整體價值才會顯現出來。

（本文出處：DIGITIMES科技網）

為升電裝

以自主技術延伸產品價值　為昇科擴大車用毫米波雷達競爭優勢

汽車產業進入智慧化時代，感測技術在車體系統的應用漸趨多元，重要性也快速升高。感測器導入至汽車領域已有多年，初期僅作為倒車雷達之類的防撞用途，後期安全意識提升，各類應用也逐漸浮現，近年來資通訊技術導入車用系統的速度加快，汽車走向智慧化已是大勢所趨，面對此趨勢，為昇科科技資深副總經理鍾世忠指出車用感測器除了必須與時俱進外，業者還須掌握技術的自主權才能進一步取得市場優勢。

長期投入累積技術能量　完整布局車用市場

為昇科是由車用內裝開關與感應器大廠為升電裝全額投資的子公司。為升電裝從車體內裝開關起家，深耕此領域超過四十年，後期汽車感測器需求浮現，跨入相關技術研發。

為升電裝在車用感測器領域的代表作是「通用型胎壓感測系統」，這顆雙頻感測器可涵蓋北美與歐盟百分之九十九以上車款胎壓感測系統的通訊協定，再加上搭配的GEN 4診斷／編程工具，大幅縮短維修時程。「通用型胎壓感測系統」推出後大受市場歡迎，同時帶動為升電裝旗下的各種產品，如今北美市場的

▲ 為昇科科技資深副總經理鍾世忠（右）與為升電裝董事長特助紀雅鈴（左）

大型車用後裝設備業者都已成為該公司的客戶。

近年來智慧車與智慧交通的發展趨勢底定，為進一步延伸技術價值，為昇科應運而生。正如前文所敘，二〇一六年成立的為昇科聚焦於毫米波雷達，未來除了車用系統外，還希望進一步切入智慧交通供應鏈，透過多元技術的整合，提供市場整體服務。

目前為昇科旗下的雷達產品包括中遠距、近距、內輪差、生物與成像等五種，中遠距雷達主要設置於車輛前端，用於偵測前車距離。近距雷達大多安裝在車體四角，作為盲區偵測用途。內輪差雷達的主要應用車種為大型車輛，這類車輛在轉彎時，前後車輪軌跡差異相當大，周邊的人、車常因誤判造成事故，此雷達可自動判別內輪差區域有無人、車。生物雷達的作用是感測車內有無人體的呼吸、心跳等生理訊號，並搭配警示系統提醒用車者來避免事故。成像雷達的作用是偵測物體形狀，此雷達是無人車的必要元件，車內系統可透過AI演算法判斷外物種類。現在成像雷達技術主要為光達（LiDAR），但光達的精準度容易受雨、霧等外在環境因素影響，為昇科的毫米波技術則可克服此問題，未來有望取代光達成為成像雷達的主流架構。

車用雷達市場驚人 為昇科以技術能量搶占商機

從市場需求面來看，為昇科的五種雷達產品都極具發展潛力，除了前面提到的車內生物雷達外，歐美與日本也都計畫將內輪差雷達列為各種車輛的標準配備。另外現在FCW（前方防撞警示）、LDW（車道偏移警示）這類自動駕駛中的L1功能也快速普及，二〇二五年車用雷達年需求量將高達二億五千八百萬到四億三千萬顆，市場規模相當驚人。

儘管市場龐大，但豐厚商機也讓競爭更為激烈，業者如果未能掌握自主技術，就只能被動的跟著大廠的腳步走。為昇科從二〇一六年成立至今，手上已有九十九個專利，透過自主技術延伸出的各種產品與功能，成為該公司的市場競爭優勢之一。

自主技術所衍生出的另一項優勢是生產彈性，近年車用晶片產能吃緊，在供不應求的市場中，為升集團由於技術掌握能力強，可快速因應市場供貨狀態採用不同廠牌的晶片，保持穩定出貨。至於應用面，為升集團積極搶攻一般消費性車輛市場，二〇二一年已開始與汽車供應鏈Tier1廠商合作開發無人駕駛系統，另外也與鴻海攜手，二〇二一年十月首次對外公開展示的三款MIH電動車，內部都採用了為昇科的雷達。在此同時為升集團也著手擴展產品觸角，例如將雷達設置於平交道，在外物闖入時立即通知火車駕駛，或是應用於農業無人機上，透過雷達偵測無人機與地面距離，讓農藥噴撒更均勻等等。

鍾世忠表示，無論是產值龐大的一般車輛，或無人機、軌道交通之類的利基市場，為升集團都可提供完整服務，而此服務背後則是多年投入研發所累積的技術能量，隨著智慧化趨勢的到來，未來汽車市場將有更多新需求浮現，為升集團在深化技術的同時，也將擴展其應用價值，提供市場更完整的服務與解決方案。

（本文出處：DIGITIMES科技網）

clientron

公信電子

完善政策為電動車發展定錨
公信電子讓技術根留台灣

電動化是汽車產業最重要的趨勢之一，雖台灣以往因經濟發展方向不同，在汽車市場的著力點較少，燃油車技術能量也相對不足，但如今電動車成為全球政府與產業焦點，未來潛力雄厚。

公信電子總經理吳惠瑜認為，台灣近年政府強化電動公車布局，尤其是前交通部長林佳龍喊出「國車國造」口號，宣示二〇三〇年公車全面電動化，對產業產生定錨作用，台灣的電動大客車發展就此展開新篇章。

目前台灣至少已有四百家資通訊業者與汽車上下游供應鏈廠商加入電動大客車國家隊，政府也預計投入新台幣兩百三十億元為市場點火，預估在未來十年內，可望創造一千七百億元產值，並衍生出五點六萬個就業機會。

發展車用電子多年的公信電子，也響應政府政策全面使用台灣廠商的IC，解決以往長期依賴國外大廠的困境，將關鍵技術留在台灣。

善用電子產業能量　掌握整車關鍵技術

公信電子在電動公車的前裝市場已累積豐富的實戰經驗，目前針對產品策略有四大重點：標準化、智慧化、聯網化與模組化，未來將藉此協助合作夥伴強化競爭力。

▲ 公信電子總經理吳惠瑜

吳惠瑜以車身控制模組（BCM）為例，公信電子不僅有此模組的硬體產品，而且更進一步提供標準化通訊協定，讓國內外的汽車電子業者可以進行二次開發，協助台灣廠商的技術落地，並有機會走出海外，擴展全球市場。

台灣大型客車過去都是從國外進口底盤，再往上拼接成整車，由於關鍵架構掌握在國外大廠手上，且絕大多數國外大廠不願意釋出技術，即便台灣廠商有能力研發更先進的車電技術，在此狀況下也難以發展。

現在國車國造政策則不僅有目標，政府也確實投入資源展開動作，目前台灣的電動公車底盤已能自主，在有練兵之處與明顯的市場趨勢兩項具體誘因下，廠商的發展意願相當高。在此領域已有多年實戰經驗的吳惠瑜就觀察到，與過去相較，現在不僅業者積極展開研發，產業間的合作也相當頻繁，整體電動公車的產業氛圍非常熱絡。

解決標準化問題　搶攻海外市場優勢增

儘管目前看來是一片榮景，但公信電子提醒，必須正視零組件標準化的問題。過去因為技術掌握在外商手中，台灣車電廠商無須整合彼此產品，標準化的需求並不高。但如今台灣的底盤技術已能自主，廠商必須在產業生態系中跨域整合，以團體戰模式提升產品價值、優化競爭力，也因此標準化是目前台灣電動公車發展的當務之急。當元件標準化且掌握關鍵技術，形成產業供應鏈後，台灣的電動公車就有機會跨入國際市場，掌握這場汽車革命的龐大商機。

吳惠瑜指出，台灣電動公車的最大競爭對手是中國，台廠可善用以往在電子產業的實力與口碑，並結合電動公車的實際上路經驗，搶攻中美貿易戰下中國退場的區域，其中，東南亞與其他開發中國家的發展潛力最值得期待。

已開發國家都有完善的地鐵、捷運等軌道交通，公車的需求量相對較低；開發中國家的基礎建設及軌道交通路網則尚未完善。在此態勢下，多數國家會先提供當地人民功能先進的電動公車，也因此這類市場會是電動公車初期發展的重鎮。政府已注意到此市場的重要性，因此外貿協會近幾年帶領台灣企業團隊前往東南亞，與當地政府與廠商洽談合作。

而電動公車與一般自用車的需求差異極大，廠商必須先有紮實的基礎功，才能因應不同的市場需求打造合適產品。公信電子強化技術能量的同時，也積極與不同領域夥伴展開合作，希望凝聚共識打造統一標準，再以眾人之力進軍海外市場，創造下一個台灣奇蹟。

（本文出處：DIGITIMES科技網）

（企業Logo圖檔由公信電子股份有限公司提供）

宏佳騰

領航沙灘車技術
宏佳騰啟動機車智能時代

受疫情影響，戶外運動正風行，帶動世界沙灘車銷售起飛，而其中全球最大的沙灘車代工廠，其實來自台灣。宏佳騰動力科技二十年來坐穩「全球第一大Youth沙灘車廠」寶座，董事長鍾杰霖不以此自滿，切回台灣市場打造機車品牌，更跨足電動機車市場，在老品牌新霸主環伺下，端出台灣機車史上第一台搭載智慧儀表CROXERA電動機車。以讓世界看見台灣自許，宏佳騰引領機車技術邁向下一個世紀。

速克達代工小廠　靠沙灘車走出一片天

隱藏在台南市山上區，宏佳騰動力科技嶄新寬闊的廠房，是全球Youth沙灘車生產的大本營，每年就有五萬輛沙灘車，從台灣出貨至北美銷售。不只沙灘車，宏佳騰以速克達品牌AEON強攻歐洲市場，推出全球第一輛四輪速克達，同時更是台灣電動機車聯網的領先者。

二十多年前，宏佳騰還只是一間機車整車的小工廠，董事長鍾杰霖延伸父親事業，將機車外殼代工發展到整車製作。當時台灣整車市場面臨削價競爭，市場飽和的紅海，鍾杰霖看準全球速克達風潮興起，毅然攜自創品牌「AEON」轉戰歐洲，從義大利到法國，以50 c.c.二行程機車，大步走出別人所不敢走的道路。

▲ 宏佳騰動力科技董事長鍾杰霖（圖片來源：宏佳騰動力科技股份有限公司）

鍾杰霖洞燭先機，看準沙灘車將會是產業新藍海，整合公司內部製造能量，大膽轉戰可與速克達引擎共用的Youth沙灘車，首次出征義大利米蘭展出，就成功拿下北美沙灘車龍頭北極星的大訂單。擁有模具以及射出成型廠的完整供應鏈，以及精準的交貨效率和品質，是宏佳騰備受信賴的關鍵，合作廠商只須一位溝通窗口，宏佳騰就能夠包辦設計規劃、認證與交貨搞定一切。宏佳騰與北極星一合作就超過二十年，從最初只有十四名員工的小公司，如今已成長為超過四百人的大廠。

反攻台灣　開創電動車先機

品牌AEON在歐洲速克達市場大放異彩，宏佳騰更領先推出適合長途旅行的三輪機車，以及全球第一台四輪速克達。外銷的成就並未讓鍾杰霖止步不前，二〇一一年他攜品牌反攻台灣機車市場，緊接著在市場萌芽初期，即宣布投入電動機車領域，為下一個十年搶先布局。

鍾杰霖花兩年時間，與Gogoro策略聯盟壯大市場力量，研發獨家CROXERA智慧儀表，加上強勢的車體造型與貼心設計，不到三年時間，宏佳騰就站上台灣電動車銷售率第二的寶座。

宏佳騰電車革新的關鍵，首推領先業界的CROXERA系統，把眼光放在電動機車的未來想像。宏佳騰不以「只做儀表板」畫地自限，而是提高目標，讓行車更安全，騎乘經驗更完善便利。CROXERA 6智慧儀表開發的DAPS死角預防系統，針對過彎、迴轉的危險回頭行為，提供更寬廣視野，只要加裝指定款行車紀錄器，就能讓騎士打方向燈時同步顯示後方影像，另外十倍效能的「頂規車用晶片」、強化通訊能力的「藍牙5.0版本」等升級配備，突破傳統思維，以中高階款汽車的安全要求，開啓次世代電動車格局。

二〇二一年，在宏佳騰推動下，結合友達光電、三陽工業、台灣大哥大、資策會等十大合作夥伴的CROXERA安全車聯網聯盟成軍。凝聚台灣機車與ICT兩大重要力量，宏佳騰期望協助台灣機車產業鏈智能進化，共組機車界的特斯拉聯盟，讓台灣未來發展為智慧安全機車王國。建立差異化策略，不斷研發潛力新車種，鍾杰霖領軍宏佳騰持續蛻變，迎向台灣機車下一個榮耀世紀。

（本文出處：《台灣頭家》系列影片）

（企業Logo圖檔由宏佳騰動力科技股份有限公司提供）

解決邊坡滑落
台灣京三智慧技術讓鐵路更安全

台灣京三

台灣鐵路系統歷史悠遠，一直以來多採用歐美大廠的設備，不過歐美廠商售出產品後，極少會在當地設置維修團隊，因此台灣鐵路只能自行培養技師，自立更新維修設備。成立已滿五十年的台灣京三，是日本交通號誌大廠京三在台灣的子公司，專責維修各廠牌的鐵路號誌系統，多年來與台鐵合作無間，開模生產缺料的零組件，化解種種維修難題。隨著鐵路智慧化的趨勢，台灣京三也積極走向智慧轉型，並協助台鐵導入新一代的智慧軌道系統，讓鐵道安全與性能再提升。

新舊技術並用　啟動鐵路智慧轉型

談到鐵路智慧化，台灣京三董事長伍克勤坦言，此一產業的轉型速度較慢，原因在於龐大的系統規模與高度安全考量。他表示CBTC（Communication-based Train Control，通訊式列車控制）、衛星列車定位系統等數位化技術，近幾年開始被應用到鐵路系統，「不過台鐵的系統龐雜且環環相扣，改變無法一步到位，因此目前仍採用繼電聯鎖。」由於繼電聯鎖為類比式系統，無法附加智慧化功能，近年台鐵已計畫導入數位化的電子聯鎖，為轉型做準備。

伍克勤進一步比較類比與數位兩種技術在鐵路上

▲ 台灣京三董事長伍克勤

的優缺點，類比式以銅線傳輸，速度較慢，且數據不易儲存，類比式的傳輸速度快、數量大、容易儲存，而且可延伸出各種應用，是鐵路系統的未來主流，不過這不代表繼電器會消失，他們夠有自己的優缺點，至少現在還是兩者並存。

著手導入物聯網　有效提升行車安全

除了透過電子聯鎖建立智慧化基礎外，這幾年鐵道系統也開始導入物聯網架構，強化鐵路的安全機制。日商京三副總經理濱崎顯三就指出，日本京三已開始著手研發各種智慧化系統，並有多起成功案例。在各種智慧化設計中，他特舉了ＣＢＭ（Condition-base Maintenance）為例，這項系統是將鐵道現場的號誌設備數據聯上雲端，管理者可以從遠端掌控設備狀態，系統內部建置的ＡＩ機器學習演算法，也能依據設備傳回的數據，判斷故障的可能性，並預先通知人員維修，確保設備穩定運作。

另外伍克勤也舉了另一個智慧化應用，就是開頭提到的鐵路狀態偵測系統。表示鐵路是開放空間，周邊環境非常容易妨礙行車安全，要解決此問題，可在鐵道旁設置數條光纖，只要鐵道周邊五公尺出現邊坡滑落、異物侵入、軌道斷裂等狀況，光纖就會同時感應，這時候後端平台就可從感應位置判斷事件發生地點，通知工班前往處理，並告知列車駕駛相關狀況。這種技術並非新科技，但對行車安全的幫助非常大，台鐵未來可考慮導入。

在日本京三的支援下，上述的智慧化系統已逐步引入台灣，除了台鐵之外，也適用於高鐵、捷運等軌道交通場域，而不管是哪一類型軌道，甚或是一般道路交通，台灣京三都可提供一條龍服務。伍克勤指出，交通與其他場域不同，所有系統都與人民安全息息相關，而且狀況有可能隨時出現，因此台灣京三在台灣打造一條龍服務團隊，從需求訪查、功能設計、設備製造、系統組裝到後續維修一應俱全，他說：「這些完整服務可以提供即時且專業的支援，讓我們成為最值得信賴的團隊。」

（本文出處：DIGITIMES科技網）

（企業Logo圖檔僅示意用）

巨大機械

自行車市場發熱
巨大多品牌經營與智慧工廠備戰

▲ 巨大集團執行長劉湧昌

疫情蔓延期間，人們因害怕搭乘擁擠密閉的地鐵或公車，選擇兼具運動又可保持社交距離的自行車，讓自行車需求劇增；擁有完整自行車產業鏈的台灣也從中受惠。巨大機械執行長劉湧昌表示，通常疫情過後自行車會有更大需求，而比起SARS只影響中國、港澳與台灣，此次疫情衝擊全球，加上各國政府在疫情中推出各種措施，市場反彈更加顯著。

疫情推升大量自行車使用，業者也看好這種熱潮可成為一種新常態，而為自行車產業帶來商機。巨大在此潮流下，除了持續透過多品牌的經營，也透過全球製造基地全力生產，以滿足消費市場的高昂需求。

▲ 巨大集團行銷長劉素娟

不只是賣單車　更賣「騎行體驗」

除了大家熟知的捷安特，近年巨大集團又陸續成立了女性專屬自行車品牌Liv、城市休閒通勤自行車品牌momentum，以及高端自行車零組件品牌CADEX。走上自創品牌之路的企業很多，但能真正成功的仍是少數，巨大之所以能穩健地發展，品牌策略可說是相當重要的關鍵。

當全球開始風行自行車導致需求大增，如何才能更抓住消費者的心？從打造捷安特品牌開始，巨大其實就已經將自身甩脫純製造業的定位，進而以「服務業」的角色滿足消費者。而製造服務業，正是近年產業轉型升級的重要里程碑。

為了提高消費者服務體驗，在全球捷安特的專賣門市中，可以透過九宮格的系統建議，消費者能夠與程式互動，了解自己最常騎乘的是柏油路面、混合路面，還是越野，並且釐清自己想從專業、健身抑或樂活型態入手，透過系統建議，找到符合需求的商品。

此外，巨大集團行銷長劉素娟指出，巨大還有一項祕密武器，乃結合「人車店騎網（人、車、門店、騎行、車聯網）」。這個體驗讓顧客在購買產品外，更多的是享受包括售後服務、騎乘專業知識、社群連結、使用情境、精準行銷等，創造出自行車的生態系，提供消費者獨特的騎行樂趣。

E-Bike市場蓬勃　巨大打造智慧工廠接招

二〇一八年起美國及歐盟對中國大陸實施關稅保護政策，而台灣業者也將高單價自行車產線移回國內，加上電動自行車市場崛起，台灣整體自行車產值在二〇一九年時來到新台幣六百四十九億九千萬元，創下歷史新高。而在疫後新生活模式帶動下，將點燃台灣自行車產業新的火花。

自行車上下總共一百多個零件，而在自行車製造過程中，車架跟塗裝是最具挑戰的部分，更是整車最關鍵的技術。車架就像人體的骨架支撐整車，目前主要分碳纖維跟鋁合金兩大主流材質，而巨大更是業界極少數手中同時握有這兩個材質的原物料供應來源與優異的量產技術。巨大的策略，是要將最難、最具有附加價值的車架生產留在自家做，「只有掌握關鍵核心技術，你才能突破市場競爭掣肘」，劉素娟說。

事實上，巨大也與現今大多數的製造業一樣面臨缺工問題。劉素娟表示，缺工不只影響生產力，年輕員工短期若無法達到水準，則會導致品質不穩定，一旦有太多因素被干擾，就無法實踐對客戶、對市場的承諾。因此，巨大從二〇一七年起便投資自動化生產線，幾年下來，幾個重要工序都已經導入自動化生產。人工作業的計算失準會造成材料損失，但現在透過電腦化的自動運算，能夠避免這些問題產生。

劉素娟表示，未來更多工序都可以透過機器人來做，人能夠從事附加價值更高的工作。換言之，在創新技術的加持下，傳統製造業的生產模式與環境，會有全然不同的面貌。

目前巨大集團位於台中大甲的技術母廠，正全力衝刺智慧製造。因應近年蓬勃的自行車市場商機，巨大在除了歐洲原有的荷蘭廠，去年更在匈牙利新建廠投產，以便快速反應市場需求。在巨大的規劃中，未來歐洲是區域製造中心，而台灣除了是重要的研發基地，更是巨大布局智慧製造最好的練兵場域。

（本文出處：DIGITIMES科技網）

台萬工業

自行車踏板隱形冠軍
台萬工業砸五億打造智慧工廠的關鍵

台萬工業是自行車踏板界的隱形冠軍，與一般自行車零組件專司代工不同，台萬是少數集製造、品牌、通路於一身的自行車業者，也因為往市場端著墨，台萬看到在價格競爭以外，更重要的關鍵競爭力，進而讓台萬敢於大膽投資智慧工廠，踏上品牌創新與數位轉型之路，為迎接下一波自行車風潮再起做準備。

導入機器手臂
十年磨劍實現全自動化生產目標

在印尼、台灣都設有生產基地，在荷蘭則設有歐洲銷貨中心，台萬在一九九八年時，就透過與丹麥Marwi集團的策略聯盟，將德國百年自行車品牌UNION納入旗下，而踏上品牌之路。如今台萬在歐洲擁有自有品牌與通路，在歐洲市占率逾五成，位居第一。

台萬工業總經理白亞卉表示，台灣素來有自行車王國美譽，擁有自行車的核心製造能量，近年自行車產業前景備受看好，尤其在電動自行車題材帶動下，商機勃勃，台灣有相當大的機會吃到這塊大餅。但未來如何接軌，她認為產業升級是關鍵，除了穩定的訂單，產能也要跟得上，加上客戶重視品質，這也讓台萬敢於大舉投資智慧工廠。

▲ 台萬工業總經理白亞卉

台萬工業在二〇一四年導入第一支機器手臂，但自行車零組件不是高單價產品，歐美日製的機器手臂，一台價格約落在新台幣一百五十萬至三百萬元，且踏板的產品週期又長，這使得投資回收期拉得更長，因此當台萬決心投入智慧製造時，就有同業訝異：「一個踏板平均售價才一點五塊美金（約台幣四十元），這樣的投資能夠回收嗎？」

事實上，台萬工業並不是跟著工業4.0的「潮流」走，早在引進機器手臂前，台萬已經花了十年以上時間，在印尼廠測試半自動化產線，再慢慢進一步透過流程、製程改造，以精實管理為底，在擴大投資台灣廠的同時，也導入智慧製造，實現全自動化生產目標。

先優化製造端　智慧製造才有意義

白亞卉強調，智慧製造的目的，絕不是盲目跟風，而是要結合自己的核心競爭力，以此為願景延伸，再去看需要做怎樣的改變與調整。因此對台萬來說，品質就是核心，先從製造端優化，智慧製造才有意義。

隨著機器手臂進駐，台萬建置第一條智慧產線，近年更陸陸續續整合ERP、MES等系統與生產設備，串連生產端數據，並利用物聯網技術，從射出、壓鑄、CNC、冷鍛到組裝產線，一步一步完成全自動化生產，而為此台萬投資五億元的智慧工廠，在二〇二一下半年正式上線。

不論是將鋁合金壓鑄成形踏板台身，還是塑膠外殼射出成形踏板台身，透過機器手臂自動化生產，一來減少人力需求，二來產線一開，就可以二十四小時運作，缺工危機或疫情，都不影響生產。此外，在台萬的智慧產線上，視覺檢測也是重要元素，能夠針對像是造價昂貴的模具或治具，達到更精準的定位，以提高自動化生產的精度。

台萬不只是製造商，同時也具有品牌跟通路商，因此在台萬的數位轉型藍圖中，智慧工廠可不只是廠內的事，更要連動生產與需求端，即時回應市場需求。為了就近服務市場，台萬甚至在荷蘭設置了Just In Time的即時供貨系統，提供歐洲的自行車組車廠與批發商七十二小時的即時供貨服務。台萬的藍圖，是最終建立一個智慧決策平台，能夠完全串接生產端與銷售端的資訊，並把決策過程數位化，未來需求一有變動，就能夠做出即時性決策與彈性調動，包括在工廠端調整產線，或是系統自動最佳化排程。

（本文出處：DIGITIMES科技網）

亞拓電器

遙控模型玩家變賣家
亞拓造出空中隱形冠軍

位於台中的亞拓電器，堪稱是飛在空中的「隱形冠軍」，一九八四年以製造無刷馬達起家，發展銑床用自動進刀機、換刀機，後來運用這項核心技術，又成功開發出乾濕兩用吸塵器，切入家電市場，再到二〇〇六年，轉而自主研發遙控直升機，幾乎每隔幾年，亞拓電器就會跨領域推出新產品。兩次跨界轉型看似是全新領域，但事實上亞拓都是在原有馬達核心技術上再做延伸，運用自身優勢，尋找下一個機會點。

亞拓遙控直升機　稱霸全球七成市占

亞拓電器董事長杜大森從小愛好模型，本身就是遙控直升機玩家，也因為身在市場中，而看到潛在需求。

一台要價數十萬的遙控直升機，要玩除了口袋要夠深，還考驗玩家的飛行技術；一旦操作不慎，後續維修又是一筆不小投資，也因此這塊市場不僅小眾，且門檻還很高。在台灣，這項高階休閒運動並非主流，玩家只能從歐美日進口，有時甚至等一個零件就要好幾個月。因此杜大森心想，既然亞拓有馬達動力技術，不如嘗試做做看。

▲ 亞拓電器董事長杜大森

早期市場上的遙控直升機大多是靠油料作為引擎驅動，有噪音大、污染、危險等缺點，亞拓初入遙控直升機市場時就在自家馬達技術的基礎上，開發以電力驅動的遙控直升機，爆發力更大，對玩家來說更具吸引力。

願意傾聽市場需求，讓亞拓從生產第一架遙控直升機開始，就不斷在玩家的反饋與「抱怨」中精進、改良優化產品，現在一架遙控直升機中，亞拓擁有超過兩百個專利技術。

亞拓以「ALIGN」自有品牌打入國際，至今已銷往三十八個國家，受到全球七成玩家的青睞，可說是稱霸全球遙控直升機市場。每年舉辦「ALIGN FUN FLY」競賽，邀請國內外飛手、經銷商等來台交流，亦贊助數名飛手，組隊到國際參賽，屢獲佳績。而亞拓的遙控直升機持續在國內外嶄露頭角，也意外吸引到國際爆破專家蔡國強青睞，選中由亞拓飛手操控遙控直升機施放高空煙火，留下台灣建國百年煙火秀中，璀璨奪目的流星雨一景。

天上飛的都不放過　無人植保機鎖定青農

除了遙控直升機，近年亞拓將目標鎖定在全新推出的無人植保機。台灣的農業發展，面臨著環境、人口老化、少子化等影響，為了補足流失的務農勞動人口，自動化成了農業發展中不可或缺的一環。

無人植保機可以自動化噴灑農藥，一來彌補勞動力不足，二來有比人力作業快四十倍的效率。無人植保機將農藥以小分子式噴灑附著在葉面上，相較傳統方式大部分隨水流入土壤，能夠降低對人體與環境的傷害。

為了讓不擅科技的農民更易於操作，亞拓從飛控系統、衛星定位系統到無人機設計都自主開發，不僅可以透過自動衛星定位，依農田坡度、地形、自動定高、定位進行農藥噴灑，農民也能透過行動裝置隨時監控飛行狀態、作業面積以及即時影像回傳等，甚至還可以記錄飛行任務與軌跡每天重複上崗。因為植保機的推出，亞拓的市場從飛手擴大至農民，甚至是返鄉務農的年輕人。

植保機在研發技術上遠比遙控直升機困難，因為遙控直升機取決於操控者的技巧，但植保機是無人自動駕駛，只要飛控軟體稍有錯誤，就可能摔機。杜大森直言，無人植保機除了機械結構設計外，還包括衛星定位、飛控程式、影像傳輸、電機系統等，在市場上少有業者能夠一次整合，這是亞拓的優勢，也是能夠因此在市場中持續競爭的主因。

亞拓站在第一線協助農民，在台中豐原的總部，隨時都可以看到有農民來此受訓，學習如何操作無人植保機，亞拓甚至還獨家為民航局術科考試自主開發飛行模擬器，讓使用者能夠在不用實機的情況下，透過百分之百擬真的環境訓練，讓台灣能夠更快地進入智慧農業時代。

（本文出處：DIGITIMES科技網）

世紀鋼構

從鐵工廠變成離岸風電王
世紀鋼構放眼綠能新未來

在世界能源短缺下，世紀鋼構著眼於綠能的未來性，從原本的鋼構產業大步跨入風電產業，轉型成為國內最大的離岸風電廠商，目前產能逐步攀升，全年營收攻百億元新高，傳統鋼構在手的訂單，也持續保持滿載。不過世紀鋼構仍繼續投資在建設、技術與培養人才上，希望在疫情趨緩後，國內外工人陸續到位，將持續為丹麥哥本哈根基礎建設基金CIP、台電富崴等客戶生產風電產品，放眼綠能新未來。

鐵窗學徒　親手打造鋼構王國

出身嘉義大林農家的世紀鋼構董事長賴文祥，國中畢業後，就北上到三重一家鐵窗廠當學徒。後來在一次的東洋行之中，看到日本新建大樓逐漸以鋼構代替鋼筋混凝土，於是回國後拉了老婆陳杏雪，一起憑著「憨膽」，在一九八七年創立世紀鋼鐵結構。

賴文祥的英文不通，但世紀鋼構的第一個轉機，卻來自國際化最深的高科技產業。當時台積電八吋晶圓廠發包，互助營造苦於找不到鋼構廠，因為八吋晶圓廠的建築結構較特殊，柱與柱的間距遠，要設計桁架才能相連，工法非常複雜，不是每家鋼構廠都願意接手，就連技術進步的日本廠商也不肯接。成立才七年的世紀鋼構，硬著頭皮接下挑戰。結果一戰成名，不僅是台積電，聯電、南亞、華亞的八吋廠，也都是

▲ 世紀鋼鐵結構董事長賴文祥

由世紀鋼構接手的。接下來又做了新北市政府大樓、南港車站及松山車站幾個指標性大案子，世紀鋼逐漸站穩腳步。不過，面對市場供過於求，以及金融海嘯等各種危機，也讓董事長賴文祥開始思考轉型的機會。

離岸風電　開啟綠能新革命

「風跟太陽，用之不盡，取之不盡。」董事長賴文祥表示，海島型的台灣，資源有限，百分之九十八的能源依賴進口，而二〇一二年政府推出千架海陸風力機的規劃，讓賴文祥看到企業轉型的關鍵契機。他上網查資料，分析陸上和離岸風機的用鋼量，因為後者的用鋼量大，因此選定以離岸風機為主體。於是帶著主管，密集往歐洲跑，觀摩考察丹麥、荷蘭、英國等國的風場，一開始沒人脈，甚至在牆外爬上樹偷看。尤其看到同樣是海洋國家的丹麥，發展離岸風電的成功經驗，更讓他信心大增，開始尋找資金、土地，自二〇一五年開始，世紀鋼構標下台北港碼頭大片用地，並簽下二十年的使用權。

現在世紀鋼不僅在台北港擁有二十多公頃的地與三座廠房，在台中港也取得三十公頃用地，未來將製造離岸風機的塔身（Wind Tower），更砸下三十億元，從中鋼手中，成功攔截丹麥離岸風機水下基礎龍頭企業鈽錸特（Bladt），與之結為親家，合組「世紀鈽錸特水下基礎」公司。

培養在地人才　為亞洲市場搶下先機

更重要的，是如何把海底水下基礎的鋼構技術，紮實地根留台灣。「自己的人才自己養」，世紀風電祭出高薪，大舉招攬現成焊工，並提供培訓課程，啓動傳統人才轉型，更成立台灣第一座焊工學院，聘請丹麥技師指導，希望能長期深耕台灣風電人才。

離岸風電是長期發展的產業，世紀鋼構大規模且持續投資在港口及廠房設備、人才與專業技術，也讓世紀鋼構在《天下》最新「快速成長一百強」中排名第五。未來在穩固台灣國內市場後，還將爭取日、韓、越南等市場的訂單，把產品輸出國際，為台灣離岸風電水下基礎製造能力，增加國際能見度。

（本文出處：《台灣頭家》系列影片）

（企業Logo圖檔由世紀鋼鐵結構股份有限公司提供）

合盈光電 H.P.B. OPTOELECTRONICS

合盈光電

持續研發新技術 合盈光電站穩全球車用鏡頭地位

從台中清水一家光學鏡片研磨廠，到如今事業版圖橫跨兩岸，車用鏡頭年產量超過千萬顆，成為全球第三大車用鏡頭廠，合盈光電用二十二年創造了另一個台灣奇蹟。董事長許玄岳指出，祕訣在於「快」與「準」，長期關注產業發展，在新需求形成前，就已投入研發，當市場成形後，備妥品質精良的產品供客戶挑選。合盈光電在不斷搶占先機的優勢下，快速在車用市場攻城掠地，不斷拿下國際大型車廠的訂單。

光學產業聚集台中　區隔市場進軍汽車領域

在台灣，約八成的光學產業都落腳在台中。合盈光電成立於一九九八年，不過與其他動輒數十年歷史的光學廠相較，仍算是年輕公司。隨著3C電子產品不斷進化，鏡頭需求快速增加，產值最大的智慧型手機市場，已有台灣其他光學業者陸續投入發展，直到二〇〇二年日本鈴木汽車來台灣尋找倒車雷達模組配合廠商，因緣際會下找到合盈光電，並在一年後取得認證，推出台灣第一顆車用鏡頭，從此跨入車用光學產業。

除了鏡頭外，合盈也陸續發展出影像模組、車載攝影機、影像優化偵測系統、車載鏡頭模組應用等產品。二〇一三年開始，在市場仍未有動靜之前，就超前部署導入AI，二〇一八年再次轉變，將過去所累

▲ 合盈光電董事長許玄岳

積的技術化零為整，以系統整合方式推出ＡＩ智慧影像識別。董事長許玄岳指出，智慧化已成為汽車產業的既定趨勢，雷達、光達、影像辨識等光學技術，將成為車用電子系統的必要零組件，因此他提前布局投入研發，當市場需求浮現時，合盈光電就已有對應的產品提供客戶選擇。

加碼投資台灣　持續創新滿足市場需求

目前合盈光電已是車用光學產業的指標性大廠，產品已通過Valeo、京瓷（Kyocera）、Panasonic等國際大廠的品質系統評鑑。在產品行銷全世界的同時，合盈光電也深化根留台灣的企業布局，為了響應政府台商回台投資政策，二〇一九年在中部科學工業園區投資新台幣二十億元擴建新廠房，並在新廠區內規劃五條業界最先進的智慧製造系統生產線，將大量生產最新且最具利基型的產品，包括瞬時影像清晰系統（ＩＣＶＳ）、車載乙太網路（Ethernet AVB）、環景物體偵測系統、ＡＩ人工智慧（深度學習）等相關產品。

其中最受到矚目的，是瞬時影像清晰系統。合盈光電所推出的ＩＣＶＳ，採用特殊材質，讓鏡頭表面形成類似荷葉葉面的微結構，降低雨水附著力，再透過鏡頭模組的快速抖動甩掉雨水，達到影像瞬間清晰效果。此項技術，為全球目前唯一能解決無人駕駛車輛，因天候不佳所遭遇的障礙。

合盈光電另一個具備競爭優勢的產品，是車載乙太網路。為了簡化車內系統架構，同時讓車重輕量化，研發出車載乙太網路，只須一種線纜，就可以連結車內所有系統，汽車內部系統的架構設計可以更簡單，也大幅減輕車體重量，進一步降低油耗。其低延遲、高彈性、高擴充性需求，更可滿足新世代的智慧車需求。

許玄岳指出，台灣是合盈光電起家之地，近幾年政府全力推動產業智慧升級，透過各種政策與專案協助業者轉型，合盈光電除了擴大產能外，也希望加強與國內產學界的合作，進一步深化競爭力。

（本文出處：《大肚山點將錄》系列影片）

Gain How Printing Co., Ltd.
健豪印刷事業股份有限公司

健豪印刷

科技管理創造價值
健豪開啟雲端數位印刷新時代

許多人都以為，數位化時代來臨，書本雜誌這些平面刊物在網路時代下逐漸式微。傳統印刷廠業績一落千丈時，位於台中的健豪印刷，大量引入數位智慧科技管理，並整合物流、雲端電子商務等，不斷開發各種品項，以客製化雲端服務，業績屢創新高，成為兩岸三地市占率最高的網路印刷領導品牌，更獲得有產業奧斯卡美稱的國家產業創新獎，受到廣大客戶肯定。

數位技術提升服務價值　滿足客戶差異化需求

無論是扇子、面紙等選舉小物，或是口罩、防護面罩等防疫物品，還有手機殼、夾腳拖、毛巾、保溫杯等生活用品，大到展場活動視覺、戶外看板帆布條、壁紙地貼、燈箱廣告、建築外觀廣告，印刷不再局限於傳統紙類印刷，進入二十一世紀，網路、移動通訊、社群媒體的發展，也改變全球商品的消費行為，進入實體與網路結合的世界。

數位技術對印刷業最大的價值，是開創服務領域及滿足客戶差異化的需求，透過線上處理訂單，提供客戶透過手機或電腦，就能自助設計、編輯、網上校對、自動落版等，發展大量訂製生產製程，並整合傳統與數位混合印刷、後製加工及物流服務，來優化生產效率、提高設備運轉，並減少人工成本，才能滿足

▲ 健豪印刷業務經理汪福能

現代消費者小額及個性化訂單的需求。

健豪印刷總經理張訓嘉表示，印一萬張跟印五百張，其實成本都一樣，但是小額訂單的單價高出許多，一旦客製化，產品售價增加三成以上，透過現代科技及自行研發應用軟體，讓印刷自動化，縮短印刷流程，就能快速生產，只要搜集到和大單數量一樣多的小單，集中化生產，成本還是一樣，獲利卻是直接增加。

提高生產效率 小額訂單獲利亮眼

而面對客製化的訂單，對於製作品質當然更不能馬虎，除了繁雜的工法製程外，更採用對環境友善的無毒油墨，甚至連扇子的扇柄等材料，都是直接跟台化購買原料，斥資自動化機器自行生產，以確保客戶所使用的產品品質穩定。

以健豪印刷為例，目前單筆少於兩千元的訂單量，占約百分之九十九點九，每天約有二至三萬筆訂單，其中百分之九十都能在當日生產完，只要在台灣六都內，大約在訂單確認後十二小時內可以出貨，這個速度，對一般傳統印刷業者而言，肯定是不可能的任務。除了自動化印刷加快速度外，健豪印刷不惜成本，擁有自己的物流車隊，當然也功不可沒。

面對新的消費時代，印刷產業必須創新思維，不再只是單純的製造業，而是積極轉型，應用數位技術及培養斜槓人才，整合客戶網路、物流、數位資訊等跨領域各項需求，同時具有環保、綠色製程、社會責任的服務業。將客戶的不便，提供解決方案為前提，寧可「虧現在、贏未來」，才能打破台灣產業轉型最難跨過的省錢迷思，把自己越做越大，成為最具競爭力，別人無法輕易超越的企業。

（本文出處：《大肚山點將錄》系列影片）

台灣數位光訊科技股份有限公司
Taiwan optical platform | Cable MSO

台數科

越在地越國際
台數科轉型科技智慧集團

台數科集團是台灣中部有線電視多系統業者（MSO）及網際網路供應商（ISP），旗下擁有六家獨立系統業者，市占率百分之九點三六，主要服務地區以台中、彰化、南投、雲林四大縣市為主，事業版圖更拓及嘉義縣、台南市，全台面積覆蓋率達百分之四十一，成為全國第四大系統經營者。不過隨著消費族群收視習慣的改變，台數科也逐漸將焦點放在「數位應用」上，轉型為科技智慧集團，涵蓋有線電視、寬頻上網、創新服務、媒體，針對不同族群進行跨界合作與應用。

保留在地價值　成唯一本土有線系統MSO

台數科集團為台灣唯一由本土有線電視系統成立之MSO，是由本土多家有線系統慢慢整合而成的控股公司，以既有的有線電視為基礎，逐步發展網路寬頻事業，並結合策略夥伴，在中部地區擴大經營規模。

「我們不是最大，但我們一直都在。」董事長廖紫岑自大學畢業後，就回到家鄉雲林，從當地有線電視擔任主播，兼任董事會祕書開始，在參與董事會的過程，了解到公司的營運與挑戰，在因緣巧合下，逐步進入經營管理的高層。秉持著「一步一腳印、創新

▲ 台灣數位光訊科技集團董事長廖紫岑

求進」的立業精神，台數科提供在地鄉親最踏實滿意的服務，提供客戶優質的產品與快捷迅速的服務。

有線電視發展從最早第四台開始，到之後有線電視開放，百家爭鳴的戰國時代，由於經營權之爭，無論是本土企業、政治人物，甚至大財團及外資都在搶食這塊大餅，形成大亂鬥，問題層出不窮。面對外資高價收購股份的壓力下，廖紫岑統領有線系統中霸天，展現巾幗不讓鬚眉的風采；她認為，在地價值比股票價格更重要，努力籌措資金，拿鈔票換股票，捍衛股權不遺餘力，對外透過購併，產生鑽石效應，成為唯一由地方向上整合而成的多系統經營者。

投資差異化內容　轉型科技智慧

廖紫岑指出，台數科勇敢嘗試，在這個產業裡雖然不是最大，但卻是最溫暖、最接地氣的企業，台數科所自製的地方新聞，更得過卓越新聞獎，以B咖之姿打敗A咖。在內容為王時代，廖紫岑認為，做好在地化是基本功，必須做出差異化的內容，才能感動人心。尤其台灣的媒體界，充斥著台北觀點的環境下，她更堅持地方電視台應該要滿足在地的需求，幫在地發聲，才能擁有立足之地。

台數科不僅持續投資內容產業，自製人文紀實節目《真世代》，說服知名導演吳念真在《台灣念真情》的二十年後，再次製作電視節目。同時也看到數位匯流的時代，消費者收視習慣改變的趨勢，二〇一九年六月開始與LINE TV合作，讓用戶可在台數科電視盒「哈TV+」上，觀賞LINE節目，這也是LINE TV首次與亞洲有線電視業者合作。並且從合營到合資，台數科現已成為國際數位平台LINE TV在台的最大股東，將競爭對手變成合作夥伴。

面對新的網路世代，台數科開始轉型科技智慧集團，結合有線電視、寬頻上網、創新服務及媒體集團，強打網路電信化，將傳統有線電視廣播網路，升級轉換為電信化光纖傳輸網路。同時整合物聯網，結合線上線下（O2O）服務，將更好的生活體驗推廣給消費者。更結盟OTT TV，參與OTT商機，繼續為中台灣的民衆，加值「智慧家庭」、「智慧城市」的服務。

（本文出處：DIGITIMES科技網、《大肚山點將錄》系列影片）

今網資訊科技股份有限公司
今網智慧科技股份有限公司

今網資訊

社區智慧化
今網資訊力促物業管理數位轉型

目前台灣住戶總數超過八百八十一萬戶，光是六都社區數量已達三點五萬棟，然而這些社區絕大多數仍採用布告欄公告、現金繳交管理費等方式管理，此一管理方式不僅效率不佳且易生弊端。看中智慧化是建築領域的重要趨勢，今網資訊集團選擇從這個點切入，協助物業管理公司或管委會導入智慧物業管理平台，大幅提升管理者和住戶兩端的便利性。

深厚經驗開啟物業管理數位轉型

今網資訊集團成立於一九九七年，是台灣最大、最早提供「社區網路」建置與服務的公司。在長期深度的社區經營中，今網資訊集團發現社區管理的不便，以及對環境不友善的痛點，創辦人林啟聖站在服務客戶與環境永續的前題下，於二〇一六年成立了今網智慧科技，開發管理端的「智生活」社區管理系統及用戶端的「智生活」App，解決社區傳統管理不即時、不便利、不環保等問題。

今網資訊集團執行長林明海表示，台灣的社區經營長久以來採長尾型運作，各家物管業者掌握的社區或大樓市占率，都無法達到經濟規模，因此投入資源開發完善的管理系統並不符合效益，而由於建商彼此互為競爭關係，更不可能共同開發，因此即便各類產業都已逐漸步入數位化，但物業管理領域仍然沿用傳

▲ 今網資訊集團執行長林明海

統的人工管理模式。至於少數有智慧化管理的豪宅，則因市場缺乏易用的整合平台，導致系統各自獨立，無法有效串接與維護，經常壞了就無法維修與使用，反而造成更多困擾。

今網智慧透過長年深耕此一領域的經驗，針對這個產業生態系的每一個關鍵環節痛點，設計出專業且便利易用的「智生活」社區管理系統，協助業者建立營運標準化、提升服務效能與品質並降低營運成本。目前使用今網智慧「智生活」社區管理平台的社區已超過六千七百棟，智生活App累積下載次數超過一百五十萬，已是全台最大的社區生活服務平台，顯示智慧化已逐漸成為物業管理市場的必然趨勢。

智慧化為物業管理的必然趨勢

這套社區管理平台可協助管委會或物管公司，進行智慧化管理發送各式通知或維運管理，而用戶可從App接收社區的設備管理修繕訊息、信件包裹取件提醒，或是經由線上信用卡、超商繳交管理費，既便利又環保。App更為住戶篩選了各式日常生活必備的服務及資訊，像是免出門的社區包裹寄件、洗衣收送、線上繳費、一鍵叫車等，將商品資訊、價格透明化列出選擇重點，方便用戶進行判斷選擇。

林明海表示，在這場產業的智慧變革中，今網「智生活」的終極目標是運用雲端上的基礎與開放式的架構，輕易整合社區安防、智慧門禁與生活服務供應商，將所有的系統線上資訊、線下服務OMO融合，打造無縫、便利、易用的完善體驗感受，掌握進入社區與大樓最後一里路，做到使用「智生活」搞定社區大小事，進而達到讓社區居民擁有「超乎想像的美好生活」願景。

（本文出處：DIGITIMES科技網）

采威國際資訊股份有限公司
Iscom Online International Information Inc.

采威國際

數位轉型迫在眉睫
采威國際助攻製造業化解導入困境

進入二十一世紀超過二十年，智慧化已是製造業的既定趨勢，廠商面對的競爭對手不只是台灣同業，還包括全球各地的製造業者，若仍用上世紀的守舊思維，將有可能被市場逐漸邊緣化。不過企業營運流程改變茲事體大，因此多數企業主態度仍偏保守，即便有意願，多數企業也都僅止於投入效益的內部討論階段。而采威國際資訊便是協助製造業數位轉型，提供專業諮詢和服務，讓業者的轉型過程更順利，效益與目標也可一如預期地浮現。

打好數位化基礎　順利跨出轉型第一步

采威國際資訊董事長蕭哲君從台灣製造業的不同面向，提出數位轉型建議。在製造現場，必須先有符合國際通訊標準的機聯網，與可視化解決方案。由於數據的質與量是智慧化系統最基礎、也是最重要依據，因此業者必須盡可能納入多元生產數據，並利用AI技術進行AOI品質檢驗、動態排程等數據分析，為整廠智慧化應用踏出第一步。

在企業本身建置完整的智慧化系統後，業者可將數位化觸角進一步延伸到產業聚落，以跨廠雲端平台，讓不同廠區的資訊透明化，並將之整合以產生綜

▲ 采威國際董事長蕭哲君（左四）及其團隊已協助台灣多家企業順利啟動數位轉型

效。最後則是與客戶端的連結，近期AR/VR技術開始被應用於製造業，機台供應商可透過此類技術提供客戶遠端監控、維修預測、狀態診斷等功能，此機制在疫情仍然蔓延的現在，尤為重要。

借助外部專業與經驗　解決數位轉型導入痛點

在輔導製造業數位轉型過程中，采威國際會先聚焦金屬加工、組裝等單一產業，藉由長年導入經驗，以標準化分析找出該產業的最大共同需求，再透過雲端平台協助業者快速完成評估與導入，縮短整體系統的建置時間。至於在差異化部分，采威國際也提供了顧問輔導、系統參數化設定與諮詢服務，如果客戶仍對智慧化投入效益有疑慮，采威國際也會協助客戶聲請政府計畫，降低本身成本的支出。

采威國際在企業數位轉型領域，提供了不同層面的產品與服務，包括雲端服務與基礎建設的數位化建置、營運效能與客戶體驗的數位優化、新產品／新服務／新通路的商業模式轉型，目前已協助永進機械、合濟工業、歐群科技、健策精密工業、笠源科技、富山精機廠、康淳科技、双邦實業、政伸企業等業者，完成智慧製造系統的建構。

除此之外，因應5G時代企業對公有雲的需求，采威國際也將在二〇二一年推出金屬加工產業的數位精進雲與工具機Maker－全球客服雲兩種平台，協助機械業者擴展服務範圍。

台灣雖然是全球製造重鎮，不過由於傳統製造業者的資源受限、機台自動化程度也不一，因此必須以「穿著西裝改西裝」的方式，逐步提升智慧化程度，此一狀態也導致業者的轉型腳步偏慢。不過蕭哲君表示，智慧化浪潮雖然才剛開始，帶動整體發展態勢已經相當明確，未來此機制將成為製造業進入市場的必要條件，因此台灣業者即便速度較慢，也要開始啟動轉型布局，才能在未來產業競局中站穩腳步。

（本文出處：DIGITIMES科技網）

緯育

職場能力數位轉型
緯育TibaMe平台培育數位人才競爭力

強調以科技加值教育服務，提供能力導向、多元學習、數據服務三大價值主張的緯育TibaMe智慧教育雲平台，在台灣已擁有二十萬以上的註冊學生、提供三百門以上多元化課程、一百五十位以上的專業師資，同時還協助一千家以上的企業，推動雲端化的員工教育訓練服務。

企業數位轉型成趨勢　培育數位人才迫不及待

緯育執行長許延岳表示，TibaMe智慧教育雲平台的命名想法，取自「提拔我」的諧音。隨著資通訊技術與智慧服務方案的快速發展，產業和市場生態都逐漸出現轉變，企業對資通訊專業和數位技能人才的需求也大幅增加。由緯創科技智慧教育事業單位獨立而出的緯育，更是特別了解在產業在資訊化、網路化、智慧化的數位轉型過程中，數位人才對企業競爭力的重要性。不論是個人主動想增加數位能力以提升個人價值，或是企業要求員工強化數位技能因應轉型所需，專業能力結合數位能力，已成為職場勝出關鍵。

執行長許延岳指出，緯育的事業願景，是用科技加值教育，協助個人提升數位能力，幫助企業培育數位人才，進一步促成人才與企業的有效對接，改善企業數位競爭力。因此緯育所開發的TibaMe智慧教育

▲ 緯育執行長許延岳

平台，整合了雲端培訓功能和數位力培訓服務，設計出人工智慧與資通訊、企業管理、外語三大跨域能力課程，協助企業建立數位人才競爭優勢，提升企業的數位競爭力。

為了讓使用者能以彈性和高效率的方式進行學習，緯育在打造TibaMe智慧學習平台時，深度整合了各類線上線下學習資源和場域，打造具備跨域增能特色的OnO（On-line and Off-line）學習環境。此外，在系統功能特色上，也規劃出功能導向、多元學習、數據服務三大服務特色。強調目的性的學習動機和情境化的課程，針對課程內容和學員參與方式，設計出多元化的課程組合，並建立完整學習數據，將學員的參與和學習情況，進行AI分析，提供學員學習建議與企業學習統計資訊。

AI識人識能　以科技加值教育

目前TibaMe開設了八大學院主題的學習課程，涵蓋範圍主要包括資通訊（ICT）知識／技術、企業管理，以及語文學習等三大領域。而八大學院的學習主題分別為人工智慧、雲端技術、多媒體設計、資訊安全、軟體開發、數位行銷、經理人、英日外語等。目前共規劃出三百門以上的多元化課程，平台註冊學員人數也達到二十萬人以上。

由於每個人對學習的需求、目的、配合時間，以及基礎能力各不相同，因此，很難以標準化的課程，滿足所有人的學習需求。為了要讓學員都能依各自條件需求，規劃出最適化的學習計畫，緯育相當依靠科技力量的協助，並且導入大數據分析和人工智慧（AI）輔助，做好TibaMe龐大體量的課程運作和學員管理。

除了現有的八大學院之外，架構在雲端的TibaMe平台，擁有近乎無限擴充的可能性，可以在平台上快速成立各種不同主題的虛擬學院。近期就有一些企業客戶向緯育提出需求，希望開設人資管理的HR專業學院。而緯育的智慧教育平台，也能快速協助企業建立專屬教育入口網站，讓企業自行規劃、建置相關的課程、教材和測驗，讓員工可以隨時隨地登入，自主完成相關課程的研習。

執行長許延岳表示，緯育在教材的製作上，提供最新科技工具支援，不論是影音錄製、後製、發布，可提供一條龍的服務；TibaMe學習平台的後台架構，能夠快速完成課程上架、教育專區的開設工作。因此緯育抱持最大的開放態度，歡迎各種教育服務的合作機會，一起加入TibaMe平台，為培育台灣數位人才一起努力。

（本文出處：DIGITIMES科技網）

長聖生技
Ever Supreme Bio Technology

長聖生技

用細胞治療重症 長聖生技要當台灣生醫產業領頭羊

長聖國際生技致力於幹細胞與癌症免疫細胞新藥研發，擁有具自行開發能力的專業研發團隊，並具備三間細胞製備廠，提供創新、有效且精準的個人化醫療服務。其樹突細胞疫苗（DC）、骨髓間質幹細胞（BMSC）等產品取得諸多認證，目前已擁有多項創新突破性的專利和技術，成為國內核准療程案件、合作醫院數及收治案件人數最多，同時也是台灣首家以細胞療法為主要業務的上櫃生技公司。

醫療實務專業背景　鑽研細胞療法

「未來，治療疾病靠的是一個細胞（Cell），而不是一顆藥（Pill）。」長聖國際生技董事長劉銖淇，自己本身就擁有豐富的醫療專業與實務經驗，曾任台中榮總細胞遺傳實驗室負責人，更赴美至耶魯大學進修，在婦產科執業期間，經常接觸到臍帶血幹細胞，對於幹細胞研究領域很有心得。秉持著熱愛生命的初衷，看準細胞治療的未來趨勢，於二〇一六年底與醫界朋友共同成立長聖國際生技，並聚焦在免疫細胞及幹細胞兩大核心技術平台，致力研發治療癌症及心肌梗塞等疾病新藥。

專業的經營與研發團隊，以及豐富醫師臨床實務經驗，正是長聖生技的優勢之一。在長聖的經營團隊裡，四人當中就有三位是醫師，能夠清楚了解病人需

▲ 長聖國際生技董事長劉銖淇

求。且研發團隊專業領域包含醫學、臨床開發、相關試驗法規等，平均產業年資近十年。

《特管法》上路以來 客製化服務協助醫院核准治療

二〇一八年《特定醫療技術檢查檢驗醫療儀器施行或使用管理辦法》（簡稱《特管法》）上路後，台灣開放自體細胞治療，但病患能否採用細胞療法，必須由專業醫師判定，且醫師與醫院都要通過審核才可進行治療。長聖生技自中研院、交大、中國醫藥大學技轉，發展免疫細胞及幹細胞核心技術平台，擁有數量龐大的核准治療項目，具有三個合規的細胞製劑廠區，與多家醫院合作，隨時提供不同細胞製劑給醫師選擇。

董事長劉銖淇回憶在陽明醫學院就學時，當時創校校長韓偉所提倡的陽明精神：「We are second to none（要做就要做最好的）」。長聖生技不只扮演細胞製備生產者角色，同時也提供醫療機構客製化服務。例如在《特管法》申請前後，幫助需要的醫院擬定治療計畫書、協助建立流程表單，滿足客戶各階段需求，因此獲得許多醫院青睞。不僅成為全國首家經衛福部核准提供樹突細胞製劑治療各期癌的生技公司，細胞治療核准件數、收案人數或醫院合作家數，都是業界最多。

長聖生技的本業是研發新藥，但新藥開發需要耗費許多資金與時間，營運上通常難以支撐。透過細胞製備廠與醫療機構合作，可以帶來現金流，也為長聖的收入帶來成功的方程式。

隨著衛福部逐步鬆綁法規，細胞治療也越來越受到重視。衛福部已預告制定《再生醫療發展法》、《再生醫療施行管理條例》、《再生醫療製劑管理條例》草案，期盼透過提升法律位階，提供更周全的法規，將讓細胞治療成為製藥產業長線新趨勢，台灣再生醫療產業發展也將越來越發達。長聖生技已搶得先機，待草案通過後，將加速相關廠商新藥商品化時程，再生醫療龐大商機，才正要開始。

（本文出處：《台灣頭家》系列影片）

（企業Logo圖檔由長聖國際生技股份有限公司提供）

秀傳醫療體系
Show Chwan Health Care System

秀傳醫院

智慧醫療「品牌意義」耕耘數十年找一個邁向國際的機會

台灣生醫新創從健康管理、醫療器材、照護科技，再到醫院管理系統、遠距醫療服務等，在如此多樣化的服務當中，如何才能夠切入既有的醫療體系當中？有些團隊從通路、品牌、醫院人體試驗、口耳相傳著手，但更重要的，或許是理解醫療體系對於「品牌」這兩個字的印象與定義。

醫療照顧服務

由醫院、醫師、通路商、代理商共組品牌

近十多年來，不斷形塑醫療器材及微創手術品牌生態的秀傳亞洲遠距微創手術中心（IRCAD-Taiwan）院長黃士維分析，透過品牌效益，才能提高醫療器材廠商的整體獲利能力，然而，建立品牌的門檻高，必須要有人員、經費、場域。不過台灣已有電子與醫療雙領域製造業的優勢，只要生產成本能夠控制在美國生產的百分之三十左右，最終依靠平台與通路銷售到美國，將有機會突破障礙。

生醫創新產品經過各家通路商的試用，口碑自然會慢慢推廣出去。秀傳亞洲遠距微創手術中心，也透過每年訓練一千至兩千位外科醫師，其中百分之四十為台灣醫師、百分之六十為跨國醫師。藉由訓練營隊與中心平台推廣醫材，都能夠讓醫師直接拿到醫材試用，提供最直接的反饋。

▲ 秀傳亞洲遠距微創手術中心（IRCAD-Taiwan）院長黃士維（前排左三）與醫療器材生態成員

除了醫療院所與醫療手術訓練中心等各種通路試用以外，在醫療療器材開發過程中，還有臨床試驗流程，也能夠讓醫院各計畫主持人，能夠了解最新的醫材，以及未來可能成功協助醫療院所達到的效果為何。

不同於一般企業，在醫療產業中，品牌不是一個廠商名字，而是一群人。這群人代表著是從研發、人體試驗、生產、上市銷售、銷售後管理、客戶服務、第二代產品再研發、再銷售，如此下去的一個生態循環。

政策與食藥署帶頭
醫療器材開發生態逐漸完備

近期衛生福利部食品藥物管理署成立智慧醫材專案辦公室，協助廠商符合法規要求，加速醫療器材的上市速度。集結了產官學研醫法政的協助，都讓台灣醫療器材新創團隊，在台灣不僅得到天然的技術和製造養分，更有合法與商業模式支撐的試驗場域。

然而，在新創團隊不斷與醫院進行場域驗證

（POC）和論文發表的過程中，實際上真正有營收賺到錢的新創團隊，屈指可數。再加上新創的品牌形塑與行銷技巧，還處於牙牙學語的階段，生醫新創之路的確不好走。

對此，黃士維表示，醫療不像科技業，並不是一樣產品賣得好，就能全世界大賣。他認為必須要建立生態系，同時保持醫療臨床既有的安全、有效、低風險等元素，再加上創新與商業思維，最終做出的產品服務，才能有機會比市面上現有的治療方法更優質，進而提供大幅改變效果的解決方案。要能夠展現出創新的價值，自然才能得到不一樣的議價空間。

無論是ICT產業，或是希望切入醫療產業的科技創新領域人士，都會發現醫療產業「水很深」，但也就是因為醫療產業水深，因此在長時間經營之下，掌握品牌、平台、試驗中心、醫病關係、通路商的銷售思維，相信在過去政府催生的數百家的生醫新創當中，能夠慢慢學會如何「學做生意」、「學著講故事」，並培養「引入入勝的商業『變巧』素養」，進而最終在目標市場保險給付中，找尋到符合自己創新服務的利基，得以傳承創新與永續發展的命脈。

（本文出處：DIGITIMES科技網）

政府在產業創新所扮演的角色：以交通科技產業會報為例

【專文】

從交通科技的未來趨勢，看政府政策與角色的轉變

財團法人台灣智庫執行長　呂曜志

一、交通科技對未來生活的重要性？（Why）

科技不論是漸進式創新，或破壞式創新，往往影響了我們的使用習慣，改變了我們的生活。

我們如果從人一天生活二十四小時的情境與樣貌，再從「以終為始」的角度來談未來科技進步的範疇，我們可以清楚了解到，人雖然在一天的生活中，有許多食衣住育樂都與實體產品，也就是與製造業有關，但許多產品在使用的過程中，需要有人的服務搭配。更重要的是，在包含工作與休閒的一天之中，消費與使用產品及服務的轉換過程，不論是「人就物」，或是「物就人」，都牽涉到大量的空間移動行為，因此需要大量的移動服務，因此衍生龐大交通科技發展機會與商機。

這樣的移動服務，要滿足消費者的偏好與需求，從空間與時間兩軸來看，牽涉到時間軸向的「即時」（Just in Time）、「節時」（Time Efficiency），甚至是「臨時」（Service on Demand），也關係空間軸面的點對點「精準性」（Precision），與路徑過程中的「謹慎性」（Prudence）與「體驗性」（Peak Experience）。

而隨著人類經濟社會活動日趨多元化之下，人一天生活中所涉及到的「人與物交互空間轉換頻率」，也就越來越高。作為替代方案，這種人與物空間轉頻率的增加，一方面驅動了元宇宙（Metaverse）等線上與虛擬空間的資通訊科技發展，一方面也讓超迴路

列車（Hyperloop）與無人運具（Drone）等線下與實體空間的交通科技，變成需求提高下，逐漸可能且可行的解決方案。交通科技變為未來社會強調流動之下，最重要的科技領域，並涵蓋海、空、鐵、公路、電信、郵政、氣象與觀光等應用領域，其科技應用發展廣且深，並與人民的生活密切相關，將是包括台灣在內，未來各國經濟發展最大的動力引擎。

從這樣的觀點出發，我們可以馬上了解到，交通絕對是一個產業，而且將會是醫療與教育以外，每個國家中最重要的服務業，不但關係到經濟成長、人民福祉，甚至是關係到國家安全，以及環境永續。

二、交通科技的未來趨勢是什麼？（What）

（一）交通的本質就是感動

林佳龍前部長很喜歡看科幻小說，三十年前，很多我們做不到或根本想像不到的事情，現在都成為生活的日常。我們可以大膽預測在可見的未來，新科技對交通帶來的變化是最豐富且具體的，而且可能會完全顛覆我們的想像。

移動服務如何滿足消費者的偏好與需求

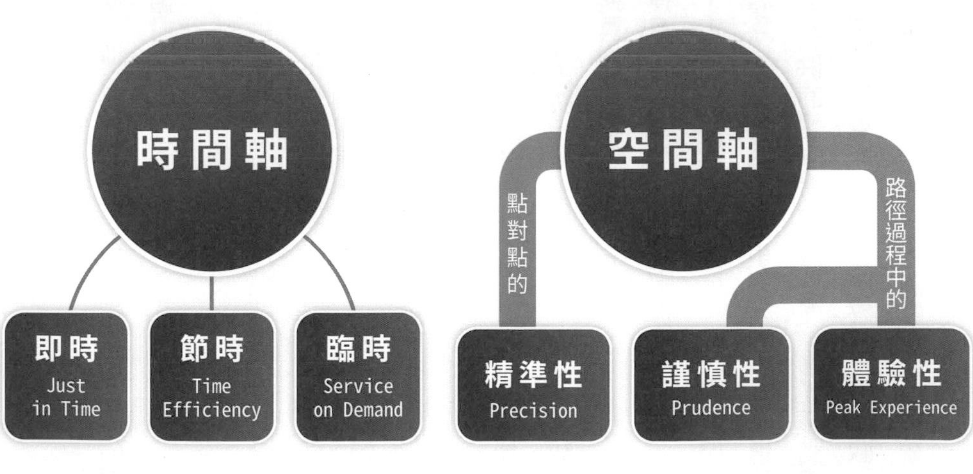

但即便如此，交通的本質還是沒有脫離「交流」跟「溝通」。在古希臘語中，「Koinonia」這個詞既代表「感動」，也代表「團契」，另一個解釋則是「交通」，可見交通不只是物流與人流，更多是資訊流，以及體驗服務。未來的交通除了人與物的空間移動之外，資訊在其中會扮演很重要的角色，不但可以形成加值服務，也可以讓交通所重視的各種面向，得到更好的結果，最後就會產生感動。所以科技在交通領域上的未來應用，必須著眼於優化運輸交流，能夠共創造美好的生活感動。要回應外在各種情勢變化。因此林佳龍前部長在主張交通科技的未來遠景時，強調要讓交通回歸本質，從「人」為出發點思考，視交通為最大的服務業，以「人本交通」為願景，「與民同行，連結共好」。

（二）從產業經濟的觀點看交通科技的未來

交通運具在過去人類文明發展歷史的脈絡中，從科技與產業經濟的觀點，一共有以下幾點特徵：

1. 資本密集度高
2. 技術密集度高
3. 追求每單位能源運輸效率的提升
4. 追求安全與舒適
5. 善用交通運具移動時的時間，創造更多元的服務價值

就運輸的主體而言，以上這幾點特徵，同時適用於載客與載貨的交通運具。然而隨著物質文明發展的多元化，人類不再只滿足於擁有產品，並且開始追求更豐富多元的體驗，單一產品所得以發揮的功能越來越複雜化，使得屬於載客領域的交通運具，得到更多發揮的空間，並且發展出更多元化的功能，這使得交通科技與其他科技創新一樣，存在著以下幾個大趨勢：

1. 交通運具的體驗化

就交通運具本身而言，不僅是提供移動服務的一項硬體設備，它更是一個移動的空間，在這個空間中能夠滿足的體驗，具有移動以外更多元的價值，這使得交通運具所提供的體驗價值，逐漸超過了移動本身的價值。運輸本身變成了一項體驗服務，如觀光火車、觀光公車，各國高速鐵路上的影音娛樂系統、智慧電動車與各項車內的車載資通訊設備，都朝向在

交通科技創新的大趨勢

移動的過程中，提供駕駛人或乘客更多加值的服務與體驗，讓消費者與使用者滿足客貨空間移動過程中的「精準性」、「謹慎性」與「體驗性」。

2.交通運具的製造服務化

就產品規格創新的角度而言，傳統規格的產品均面臨到結構性轉型的深水區，銷售成長面臨挑戰，但客製化與次系統拆解後重組的矩陣創新，卻往往能夠將BCG產品矩陣中的老狗產品，重新返回到高市占率與高成長率的明星產品，這種產品功能與規格重組，以及技術配套整合的「矩陣創新」，背後隱含的商業模式就是「客製化」與「製造業服務化」。如台灣電動機車領導品牌的Gogoro，就強調從外觀的工業設計、內部次系統零組件的規格選配，到數位科技的加值服務，全價值鏈一條龍的「客製化」服務，將傳統標準規格的機車產品，化為城際與巷弄之間，提供輕便與個性化的智慧電動行動運具，貫徹了製造業服務化的精神，也提供交通科技帶動傳統產業供應鏈，進行創新與升級轉型的實踐典範。

另外在許多貨物物流運具的產品領域中，同樣有製造業服務化的趨勢。這些產品的商業模式，將高度搭配整體上位系統設計，例如高度自動化工廠內部的無人搬運車（AGV），必須建構在整體自動化工廠物流排程設計下，進行硬體配置與指令編程，同樣歐美現在已經處於初期商轉階段的空中搬運無人機，其硬體與軟體整合的商業模式，也必須高度回應客戶的客製化需求，因此交通科技未來的主要趨勢之一，將是基於軟硬整合，跨域創新，實踐製造業服務化的商業模式。

3.交通運具共享化

運輸產品基於技術規格與安全上的特性，絕大部分而言屬於資本與技術密集度高的產品領域，涉及到龐大的開發費用與製造成本，供應鏈也相對較長。因此為了攤提龐大的固定成本，技術開發風險與景氣循環風險，在產品的各項功能與空間設計上，往往強調載客與載貨量的規模經濟效率，以便在公共運輸領域上達成公益性目的與維持產業的永續發展。

即便對於部分偏屬於私人客貨運具的產品領域，在商業模式上也提供「以租賃代替購買」的共享化服務，並且在交通科技上強調共享服務的「臨時」與「隨取性」，以降低市場進入門檻，提升營運金流的穩定性來因應上述風險。因此未來在創新性的個人化運具上，將會強調運用數位科技，以促進最大效率的共享功能。

4.交通運具低碳化

在四個主要趨勢中，最後一個大的趨勢，是因應全球對二氧化碳排放要求淨零轉型的訴求。有鑑於交通運輸部門一直是各國減碳路徑圖中的要角，而除了改內燃機引擎為永磁同步馬達，而將化石燃料改為使用電能的電氣化之外，使用氫能等零碳能源，也是另外一項未來可能逐漸普及的交通科技。此項交通科技低碳化的持續發展，搭配數位科技在駕駛行為優化上的努力，將可持續提升每單位能源的運輸效率，為全球的低碳轉型做出貢獻。

三、交通科技發展的重要項目與政府的角色（How）

（一）奠基在產業創新與數位轉型下的十二項交通科技重點領域

在盤點未來交通科技的幾項大趨勢下，並考量台灣內外市場上的需要與比較利益，交通部在林佳龍部長任內的二〇一九年五月起推動「交通科技產業會報」，並成立十二大產業分組，包含鐵道科技、智慧公共運輸服務、智慧電動巴士科技、智慧電動機車科技、自行車及觀光旅遊、智慧海空港服務、無人機科技、智慧物流服務、交通大數據科技、5G智慧交通實驗場域，海空港綠能關聯與氣象產業等十二項產業小組。把應用與產業結合，形成一個正向發展，並持續落實建立標準、實驗場域、國際交流、國際輸出推動策略。

交通科技的這十二項產業應用領域，是建立在軟硬整合與數位科技的基礎上，因此可以說是蔡英文總統自二〇一六年以來推動的5+2產業創新計畫，六大核心戰略產業，數位國家經濟發展方案，以及前瞻基礎建設等計畫的加值與延伸應用。在國內基礎建設的預算，包括軌道建設一兆九千七百億，公共運輸服務提升計畫三百億，智慧運輸系統發展建設計畫六十億，海空港及物流園區計畫一千三百零六億，以及環島自行車道提升計畫十六億的支持下，打造內循環的交通科技產業國家隊，並著眼於印太服務輸出市場，實現交通科技智慧服務的國際化。

（二）解決國內交通當前痛點，提升人民生活幸福感

交通科技發展項目的優先順序與重點領域，除了國內產業的比較利益與符合國家產業政策的主軸外，更重要的是要能夠解決人民實際生活的問題，要讓人民有感。以國內路上交通環境為例，期待解決的痛點仍然相當多，包括法規、道路壅塞、環境污染、新科技改變運輸生態、事故頻傳、城鄉交通條件落差，以及移動力未妥善規劃等。

面對外部環境與社會變遷下的諸多衍生挑戰，政府治理必須要善用科技的力量，並以使用者能夠普遍接受的人機介面與溝通方式，來巧妙達到治理的效果。因此交通科技產業各個項目下的策略主軸，都強調運用數位科技的優勢，槓桿人工智慧（AI）、大數據應用、5G等新科技，進行陸海空交通運具與環境場域的各種管理與調控、靜態與動態多元資訊的搜集、判讀與因應，客製化彈性運輸等方式提供各項服務，更有效率地讓民眾行得便利、安心、舒適有效

率，才能使交通成為各項生活體驗的重要連結，智慧交通也才有意義。

（三）運用台灣市場練兵，突破技術與整合解決方案

兩年多來，在十二個交通科技產業小組的討論與媒合過程，加上政府政策的誘因支持，我們發現大企業開始創造平台經濟，例如智慧電動巴士科技領域的MIH跨業平台，讓中小企業擅長的材料，零件，次系統與軟體，有一個整合的架構，試量產與試車的機會，以及外銷的出海口。

前瞻基礎建設所驅動的國家建設是長期且穩定的，是適合國家隊在台灣的內循環下練兵，進而在印太地區建立供應鏈品牌，消費服務品牌，甚至是國家品牌，在電動巴士、自駕車、無人機、鐵道，還有5G交通應用服務上，都有相當長遠的市場遠景與機會。而典範轉移，與技術創新，在交通科技的十二項領域上若能得到突破，許多智慧城市範疇內的靜態服務，如智慧製造、智慧能源，以及智慧建築管理等，都會相對得到應用上的提升。

以無人機科技產業小組為例，參與這項小組的經緯航太董事長羅正方先生曾指出，「整合示範計畫」（Integrated Pilot Program, IPP）可藉由交通部所屬機關的業務職掌，優先在智慧物流與智慧巡檢上進行國家級的IPP計畫。此外藉由小組成員間的討論，研擬適當的技術與整合服務目標。他所談到的物流無人機發展目標，包括達到二十公斤級的載重能耐，利用混合動力與提升AI協同作業能力，拉升飛行遞送的服務半徑到二十公里的長航程，並在這個服務半徑圈內的任何一個位置，能在起飛後二十分鐘內到達。在這個具備相當挑戰的技術發展目標，將可以證明台灣的無人機技術進入全球的領先群，同時也能夠供應印太地區的物流服務公司，作為更為先進的解決方案。

（四）重視跨部會與產學研溝通，提出單一部會無法制定的產業政策

產業未來發展趨勢，除了技術與創新的推動力量外，市場需求的拉力因素，更是加快技術與創新轉變為製品，更進一步發展為商品與產業的關鍵。因此交通科技產業會報，作為推動產業創新的一項跨域整合的革命性機制，不但重視跨政府部門之間的科技研

發，法規調適與產業輔導，更重視與產業界與專家學者間的共識凝聚，自二〇一九年九月至二〇二一年的兩年多間，共辦理數十場次的產業小組會議，十餘場次以上的座談會與論壇活動，一場次全國交通科技產業會議，以及五次交通科技產業會報大會，發表二〇二〇年與二〇二一年交通科技產業政策白皮書。

在台灣的產業發展歷程中，政府與產業政策在推動產業發展的角色上，一直偏重於農委會與經濟部等一級與二級產業的主管機關，但三級產業的各項服務業GDP總和，在台灣產業結構中的比重早已超過一級與二級產業，各項服務業的政府主管機關應該從過去管制監理的思維，轉變為支持與輔導產業發展以興利的思維，因此早在二〇一一年，行政院通過了產業發展綱領，目的是為了驅動各部會針對所主管產業，能夠提出中長期具體的發展策略、政策、計畫與預算，惟後續各部會的實質努力仍然不足。

作為全國最大服務業的主管機關，交通部在林佳龍就任部長後，組織文化與做法為之一變。而交通科技產業會報的成立，不但貫徹了產業發展綱領的主動積極精神，且交通部從下游系統整合服務的觀點，向產業價值鏈的中上游進行整合，因此政策研議過程中，橫向協調經濟部、科技部、通傳會等其他部會，更積極地扮演跨部會整合的角色，很大程度作為其他服務業主管機關未來在發展角色上的機制示範。

此外在過程中，公營事業機構與民營業者之間的互動，也是交通科技產業會報的一項創新與重點。過去經濟部在產業發展諮詢委員會的平台上，針對功能別與產業別的屬性，均設有不同小組，設定議題進行討論，機制維持數十年，非常穩定。然而經濟部產諮會的組成員中，除官員與專家學者外，業界代表大部分是產業公協會代表或指標性企業之負責人或高階經理人，國營事業的參與與角色並不明顯。反觀交通科技產業會報，鑑於產業與市場競爭結構的特性，許多產業別項目當涉及到最下游系統服務者時，市場往往呈現寡占甚至是獨占結構，因此涉及到中華郵政、台灣港務公司、中華電信等若干重要公營事業機構的參與。然而對於提供國產化軟硬體作為示範測試的平台，提升國營事業的營運與服務競爭力，這樣的成員組成，證明是具有相當積極意義的，也為台灣將奠基於數位科技為基礎所發展的各項智慧服務，輸出到印太地區市場，跨出相當穩健的一步。

四、會報成果與交通科技產業的未來展望（Who）

（一）數位科技作為橫斷面的關鍵性策略

以數位科技作為未來交通科技最重要的橫斷面因素切入，台灣已經進入5G時代，低軌衛星的發展也邁入逐步成熟期，通訊技術的優化將指日可待；再加上各種物聯網裝置的開發與進步，雲端與邊緣運算能力的強化，甚至是量子運算的持續發展，交通運具本身的智慧化能力，以及整體系統的管理維運能力，都將雙雙提升。

根據聯合國統計，在二〇五〇年時，全球會有七成人口住在都市，將為交通帶來新的挑戰，另外淨零轉型、人口老化、韌性城鄉，這些內外部環境的變化，也將使交通科技所面對的市場環境更為多元且複雜。因此不論鐵道、公路、機場、港口等場域，都讓各項創新研發技術獲得實證機會。

（二）內循環的先行驗證成果

1.智慧運輸系統

在國內市場的內循環驗證成果上，過去幾年在林佳龍擔任交通部長任內規劃與啟動的諸項建設計畫，已經部分展現階段性的成果。以智慧運輸系統發展建設計畫為例，中央投入三十億新台幣，已建立交通行動服務、機車車聯網、智慧廊道、自駕車車聯網、統合式智慧交通管理及偏鄉公共運輸平台等六大亮點成果，同時也在智慧運輸世界大會（Intelligent Transport Systems World Congress, ITSWC）拿下五大獎項。並從二〇二一年起，陸續啟動下一階段四年計畫，將資源投入於物聯網（IoT）、AI、5G、大數據、高精地圖、區塊鏈等新技術，帶動智慧運輸深化、升級，實現旅運需求供需平衡的永續智慧運輸管理。

這些重要項目包含運輸資料應用技術提升與擴大服務、高精地圖回饋平台建置計畫、智慧交通實驗場域創新應用計畫、高快速公路整體交通管理提升計畫、地方區域交通管理控制升級計畫、都市智慧道路安全計畫、自駕車聯網技術導入運輸業計畫、交通

內循環的先行驗證成果

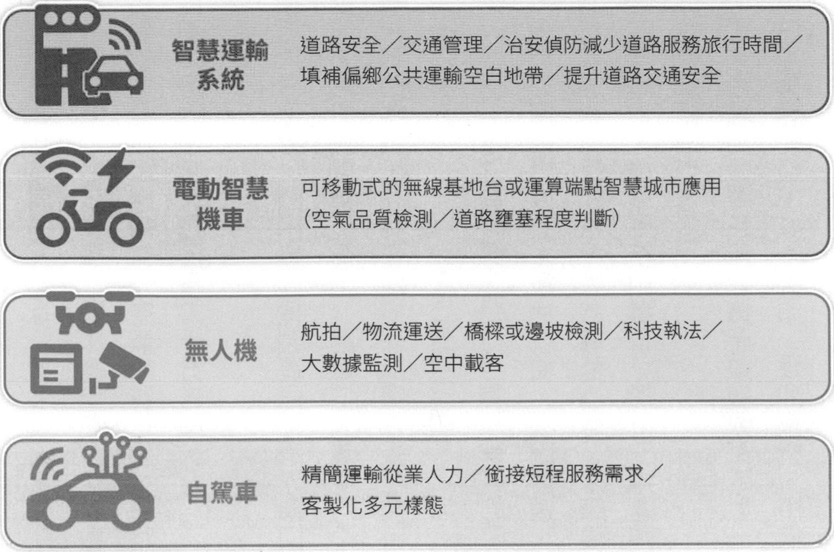

行動服務深化計畫（MaaS）、觀光服務整合計畫和偏鄉公共運輸營運品質提升計畫。在該項計畫的中期效益目標上，預計到二〇二五年，省道快速道路資訊搜集涵蓋率可達百分之九十，大幅提升政府在道路安全、交通管理，甚至是治安偵防上的能力；此外智慧運輸相關產業年產值可達三百五十億元，減少五百萬人道路服務旅行時間，填補一百萬人次的偏鄉公共運輸空白地帶，提升百分之十五道路交通安全。

2. 電動智慧機車

就其他領域終端產品的內循環練兵上，林佳龍認為側重三大重點產品，將能夠發展台灣特有優勢。此三項產品分別為電動智慧機車、無人機與自駕車等，對台灣的重要性相當高，同時也具備相當成熟且獨特的試驗環境。首先在電動智慧機車上，台灣是機車生產與消費大國，目前台灣機車共約一千四百萬輛，人均所擁有的機車數居印太前茅，且機車多為台灣民眾與家庭所使用的通勤與休閒交通工具，為了二〇五〇年近零轉型的目標，運輸部門的零碳轉型，首要以推動機車電動化為關鍵的第一步。而機車產業近年來在新進業者帶動既有業者的良性競爭下，國內各車廠不遺餘力地投入次系統的研發與轉型，並且整合許多資通訊技術與零組件，正是矩陣創新的一個典範案例。未來智慧電動機車將可再導入5G、AI技術，成為可移動式的無線基地台或運算端點，應用在其他以數位科技驅動的智慧城市應用（如空氣品質檢測、道路壅塞程度判斷等），未來發展潛力十分雄厚。

3.無人機

而在無人機部分，國內無人機製造已經邁入進口替代的階段，過去民間單位甚至公務單位大量使用中國產製無人機的情況，在林佳龍擔任交通部長任內時已經著手進行管理，同時鼓勵採購國內產製之無人機，未來內循環市場發展將可邁入更蓬勃發展的時代。在無人機的運用場域上，包括航拍、物流運送、橋樑或邊坡檢測、科技執法、大數據監測等，未來更可望在適當場域上，擴展到空中載客，形成空中運輸或休閒的全新服務模式。

就製造端而言，台灣在無人機產業鏈國家隊上已經十分成熟，擁有完整IC、鏡頭、電池系統、機構設計開發等整合能力。為了進一步拓展無人機產業未來的客製化能力與智慧量產能力，交通科技產業會報下的「無人機科技產業小組」，以及成立的U-Team國家隊，下一階段工作期待以如何促進無人機飛行編程能力、終端運算與執行能力、電池續航力與載重力，以及如何精進系統組裝過程中對人力需求的精簡等方向發展，輔導業者在印太市場上爭取客製化訂單與應用服務商機的競爭力，搶攻全球無人機龐大商機。

4.自駕車

最後在自駕車部分，考量安全性與現階段技術發展的成熟度，策略上宜先以具有指定或優先路權，或測試場域環境交通狀況屬於相對單純之交通載具，作為主要實現自駕車的先期目標。指定或優先路權的部分，以公車所延伸的大客車產品為主，而測試場域相對單純的環境，包括相對封閉式的大學校園內道路、產業園區內道路、機場與港口內部運輸道路、新訂都市計畫內的小型接駁等情境，都可精簡部分物流或人流的運輸從業人力，滿足在通勤接駁、銜接物流上的短程服務需求。

另外在偏鄉地區，由於缺乏規模經濟、居住地點分散，需要交通運輸服務的時間差異性與不確定性大，因此不利傳統運輸業者投入持續經營，需要以社區為主體，提供最後一里的分散式與即時性的短程運輸服務。因此自駕車未來的趨勢，也有相當可能性會朝向M型化的產品發展，大者如四十人載客量的大客車，小者如二十人座社區小巴士，甚至是偏鄉地區的兩人座，介於汽車與機車之間的客製化載客產品。因為其目的是為了滿足最後一里的需求，將人流與物流集中至大眾運輸服務可及之處，因此其產品型態未來將具備一定的客製化多元樣態，提供台灣廠商與研究法人相當多元的練兵課題。

當前以交通部的立場，自駕車的發展將優先推動自駕大客車，在此具備專有路權的大眾運輸成熟普及後，解決一部分運輸從業人力短缺的問題。目前台灣在電動大客車上的技術已經逐漸成熟，近年來在多項補助與示範性政策下，包括客運業者，以及電動車產業聯盟所推出的車款與技術，都展現了一定的成熟性，在導入自動駕駛技術上，也在國內法人、國內外主要企業，以及驗證機構的合作下，形塑了一定的國家隊隊形，也就是所謂的AB Team（Autonomous Bus Team）。

在未來自駕車的努力方向上，林佳龍認為當前國內在產業供應鏈的完整性上仍有進一步的努力空間，包括車體的國產自製率、相關三電技術的成熟性，以及配合5G及低軌衛星，以及AI演算能力等的自駕相關穩定性發展，因此將持續檢視產業生態系缺少的部分，再讓業者分工合作，將會是政府部門接下來的重點。此外在需求樣態上，持續調查民眾接受度，優化服務創新商業模式的可持續性，以及配合客製化商業模式所推出新型態自駕運輸載具的車輛檢驗規範等，都是持續的課題與挑戰。而自駕車、自駕巴士的實驗留下的大量數據資料，未來也會成為法規調適、安全測試、營運管理的方向。

綜合內循環的成果與經驗，鑑於智慧交通涵蓋的範圍極大，除了資通訊產業外，各類基礎建設、車載設備，都需要精密機械、機電整合等技術的支援，才能讓智慧化系統順利落地使用，這是政策上為何要積極推動交通科技產業國家隊的主因。林佳龍希望台灣各領域業者，可以轉換以往只關注訂單規模與訂單穩定性的客戶領域，多投資在矩陣創新上，從服務導向與B2B2C的精神，以終為始，發掘新客戶或尚未被滿足的應用，並進一步跨域合作，讓台灣產業可以順勢轉型，掌握智慧化時代的交通商機。

（三）外循環的印太數位戰略

1.外循環的重要性

交通科技除了需要從概念驗證（Prove of Concept, POC），服務驗證（Prove of Service, POS）等角度，先行在內循環國內市場進行練兵之外，由於使用情境上的可能變化，以及各國法規環境的差異性，因此同步拓展部分的外循環國際市場，在商業驗證（Prove of Business, POB）上取得一定修正的機會，也是推動交通科技產業國際化的一項關鍵性策略。

台灣業者過去習慣單獨輸出服務或產品，對於整合性的系統輸出，經驗並不普遍，特別是在國際服務貿易四種模式中，透過跨境服務方式來賺取外匯的案例並不多見。然而數位經濟是未來驅動台灣經濟持續成長的引擎，台灣需要在海外市場運用數位科技產生經濟價值，促進就業與優化分配。而硬體產品如PC、手機到物聯網，線性供應鏈更迭加快，產業國際競爭洗牌幅度加大，矩陣創新與跨業整合，成為勝出新關鍵。

近幾年來在五加二產業與六大核心戰略產業的基礎上，台灣產業已經多半體認到數位轉型的必要性，但由於數位服務具有網絡外部性的特徵，如果不能早期擴大產業應用與客戶基礎，將遲早遭國際大廠所占。

此外，半導體矽盾是存在極限的，不論從水電與土地等資源的角度，或地緣政治風險分攤的角度，戰略性產業的生產基地都不宜過度集中，因此半導體應該與數位科技輸出海外所形成的網絡外部性互為搭配，打造更多的護國群山。鞏固台灣在印太區域下，透過非傳統安全領域下的創新力，所扮演的關鍵地位，進一步保障台灣安全。因此運用數位科技進行矩陣創新，所加值的各項軟硬整合應用服務，並著手拓展印太市場，透過網絡外部性力量，化點（國內產業群聚）為網（無國界鏈結），將是下階段的台灣印太關鍵大戰略。

2.印太區域市場的重要性

二〇一八年美中對抗情勢提升，從對立、對峙，到對抗，將啟動二十年的印太市場地緣競爭大循環。

並且從實體產業的貿易戰，一路擴散到5G等先進技術的科技戰、資訊安全與數位經濟應用的資訊戰，到數位金融、反洗錢到跨國基建投資聯盟等金融戰。因此交通科技的外循環市場中，包含東協等新南向國家，印度、澳洲、紐西蘭、日本與韓國，以及美國等印太區域市場，將成為美中雙邊陣營相互競逐的關鍵區域。

過去產業南向驅動力來自於製造業全球化下的成本考量，乃大致基於雁行理論的指導原則。但印太地區已經逐漸邁向一個更著重於服務創新的市場，在全球許多知名的獨角獸企業，有不少在印太區域市場上取得重要成就。以外送平台知名國際新創企業Grab為例，其中便有台灣光陽公司結合旗下風投的金庫資本，以投資帶動對外輸出Ionex電動機車，結合智慧物流服務的整體解決方案

在二〇二〇到二〇二一年間，台灣在Covid-19疫情肆虐期間，反而迎來了智慧交通科技等服務國際輸出的豐收期。除了光陽與金庫資本的案例之外，包括遠通電收在泰國成立遠拓泰公司，並結合國內研華與台灣世曦等業者的技術方案，成功與泰國BGSR聯營集團簽約，拿下泰國M6/M81兩條高速公路的電子收費系統與交控系統整合設計、建置與輔導維運案，預計最快二〇二五年完工，成為台灣ETC系統整案輸出的第一例。而中華電信與泰國多家電信公司積極成立合資公司，共同推廣5G企業專網應用在智慧製造、遠距協作、智慧醫療等創新應用服務，都為交通科技產業國際化邁出了重要的第一步。

因此綜觀二〇二二到二〇三二年的十年間，台灣在美中對抗情勢下，可以「小國巧實力與大戰略」的思維，落實台灣版的印太戰略，以資通訊產業科技與數位應用為核心，落實於第二階段的新南向政策。運用數位與資料科技延伸的各領域服務，將鞏固多邊關係，發揮由下而上，經濟力與社會力所形塑與鞏固的非傳統安全力量，我們必須走出國門，建立自己的話語權。

此外透過服務與製造整合，交通科技產業的新南向輸出，將可進一步鞏固製造業台商在新南向國家的價值。鑑於新南向國家屬於台灣實體運籌能力可及的

合理範圍，加上未來歐美實體貿易重視淨零排放，台灣產業建立分散性生產基地，建構以日、韓、台灣與南向國家的信賴製造供應鏈，仍有必要。因此以數位轉型產業與應用科技為主，以人才與資金為核心戰略的數位新南向戰略，不但有網絡外部性的重要性，有創造服務業國際化輸出的創匯機會，也是帶動國內外製造基地找尋下一個產業最適棲地的包容性策略。

有鑑於此，未來在外循環的策略上，台灣可選擇產業特性本身具相對高技術進入門檻，且數位解決方案同時具備高度網絡外部性的B2B或高階B2C領域，結合印太戰略夥伴（美國、日本、韓國、印度等）與關鍵在地資本，由國內具規模之價值鏈整合業者與新創事業，用投資搭配解決方案輸出的方式，建立台灣在新南向國家市場的高度競爭障礙。

最後，在目標產業的設定上，除了以電動運輸載具為主的交通科技產業領域之外，以工業物聯網結合數位ESG治理為主的智慧製造、以科技防疫與遠端醫療等展開的智慧醫療，以及物流運籌、能資源與防災管理為主的智慧城市，都可作為下一個十年，台灣在數位新南向上的重要拓展領域。也唯有利基於台灣的軟硬實力，持續致力於數位科技的研發與商業模式創新，下一個十年的台灣，才能夠成為被世界需要且喜愛的台灣。

【附錄】

交通科技產業政策推動措施一覽表

（資料來源：二〇二一交通科技產業政策白皮書／交通部　編印發行）

壹、鐵道科技產業

重要議題	發展策略	推動措施	推動措施執行年期		
			2020~2022	2023~2025	2026~2029
推動技術研發及檢測驗證，建立產業自主能力	推動鐵道國車國造及機電系統國產化，帶動鐵道技術及關聯產業發展	選定國產化優先發展項目	✓	✓	✓
		整合技術研發及檢測驗證能量	✓	✓	✓
		制定國家標準	✓		
		成立鐵道技術研究及驗證中心	✓	✓	✓
		協助學術機構培育鐵道人才	✓	✓	✓
解決廠商參標問題，整合擴大市場規模與採購需求	提升國內廠商參與鐵道建設及維修市場之機會與意願	研訂鐵道系統採購作業指引與國產化配套措施	✓	✓	
		釋出維修商機	✓		
		籌組鐵道科技產業聯盟國家隊及培養臺灣鐵道機電統包廠商	✓	✓	✓
善用我國資通訊產業優勢，推動鐵道運輸智慧化	發展智慧4.0鐵道及關聯產業	研訂智慧鐵道系統架構，導入4.0科技	✓	✓	✓

貳、智慧電動巴士科技產業

重要議題	發展策略	推動措施	推動措施執行年期		
			2020~2022	2023~2025	2026~2029
開發新型式科技化電動巴士及導入自駕車技術	導入新式科技化電動巴士設計應用	整合車輛產業鏈訂定新規範及開發新產品	✓		
		導入電動巴士應用之先進設備系統項目及驗證規範		✓	
		整合自駕車關鍵零組件自主開發及系統			✓
二〇三〇年客運車輛電動化	完備客運車輛電動化營運環境	推動客運車輛電動化	✓		
		訂定租稅優惠及產業計畫		✓	
		完善電動巴士用電需求及基礎建設			✓
建置電動巴士驗證共用平台設備能量	提升國內智慧電動巴士產業關鍵設備能量	推動車輛關鍵零組件項目及規範	✓		
		建立車輛系統驗證設備之共用平台		✓	
		提升國內整車及關鍵零組件技術及競爭力			✓
關鍵零組件及系統設備審驗認證符合性與歐盟相互採認	扶植國內車輛安全檢測及審驗機構	建構電動巴士檢測與認證能量	✓		
		與國外建立合作及報告相互採認機制		✓	
		研訂與歐盟地區之車輛安全審驗認證			✓

參、智慧電動機車科技產業

重要議題	發展策略	推動措施	推動措施執行年期		
			2020~2022	2023~2025	2026~2029
導入「智慧」機車科技	推動電動機車增加配備車聯網等智慧科技／安全設備	輔導並鼓勵地方政府與民間業者發展智慧機車所需之智慧路側設施，以及開發整合性的雲端服務平台	✓		
		鼓勵並補助業者投入研發車聯網等智慧／安全科技，並導入市售機車，提供消費者選擇購買	✓		
		持續接軌國際，調和聯合國歐洲經濟委員會機車車輛安全及智慧科技法規檢討導入國內實施，提升機車安全及增加智慧化、科技化		✓	✓
		跨部會整合資通訊與智慧型運輸系統產業資源，攜手建立共通產業標準，與國際市場接軌，提升產業競爭力		✓	✓
	鼓勵發展機車共享創新應用服務	研議將機車資通訊、交控系統、智慧安全路口等資訊整合規劃納入交通管理資通訊平台，提升交通安全	✓		
		鼓勵發展機車共享之創新應用服務與產業發展，紓緩都會區私人運具持有及使用		✓	✓
		推動車廠將營運模式整案輸出國際		✓	✓
打造友善的「電動」使用環境	滾動檢討電動機車充／換電站國家（產業）標準以及電池產品規定	確保電動機車電池及充電器之安全與品質	✓		
		持續檢討電動機車充（換）電能源補充設備國家（產業）標準		✓	✓

重要議題	發展策略	推動措施	推動措施執行年期		
			2020~2022	2023~2025	2026~2029
	提升電動機車充／換電站普及率，並建立能源及車輛運行營運資訊管理平台	提升電動機車充／換電站普及率	✓		
		推動車廠與國營事業合作建立能源解決方案與營運資訊管理平台		✓	✓
	汰役電池回收與利用	推動車廠或營運商建立汰役電池回收機制及再運用模式		✓	✓
		持續辦理廢棄電池回收再利用，達到源頭減量及再利用目標		✓	✓
輔導「機車」產業升級轉型	推動燃油／電動機車併行政策	規劃補助汰舊一至四期燃油機車並換新七油車或電動機車措施	✓		
		整合政府與法人力量，輔導與協助業界進行機車製造、行銷、維修及使用的四維轉型		✓	✓
	機車行轉型升級	提升機車行從業人員的職業技能，不但會修油車，也學會修電車的技術	✓		
		輔導機車行增加營收項目、多角化經營，提升競爭力	✓		
		鼓勵電動機車業者與傳統機車行業者建立維修與銷售的新合作模式	✓		

肆、智慧公共運輸服務產業

重要議題	發展策略	推動措施	推動措施執行年期		
			2020~2022	2023~2025	2026~2029
新一代智慧支付與行動服務	發展多元票證支付環境，加強跨域整合及加值應用	輔導系統設備業者研發製造新一代驗票設備及建立產業標準	✓		
		研訂新一代驗票設備補助方案	✓		
		規劃整合支付清分機制及票證格式標準	✓		
		推動公共運輸集點回饋優惠措施	✓		
公共運輸數位轉型與治理	加速公共運輸數位轉型，提升行車安全與營運效能	訂定客運業者及場站營運服務資訊系統	✓		
		規劃公共運輸車輛導入科技安全輔助設備與管理系統		✓	
		開發智慧化車電設備與系統及公共運輸服務資訊平台		✓	
		規劃公共運輸服務產業整合籌設專業組織機構		✓	
		訂定公共運輸營運服務系統平台之資安規範標準		✓	
偏鄉運輸系統整合與發展	建構偏鄉微型公共運輸系統，整合在地資源及強化供需媒合	規劃可行整合商用模式及可共同使用之平台營運機制	✓		
		增訂偏鄉運輸系統營運制度化發展規範	✓		
		推動偏鄉幸福巴士專案計畫	✓		

伍、自行車及觀光旅遊產業

重要議題	發展策略	推動措施	推動措施執行年期		
			2020~2022	2023~2025	2026~2029
臺灣深度自行車漫遊	規劃自行車深度漫遊的路線並建置友善的騎乘環境	規劃及建置完成多元的自行車路線	✓	✓	✓
	建置友善的遊程服務平台	導入觀光與自行車產業業者合作之服務資訊	✓		
	輔導或建置完整的自行車租賃點	各縣市主要交通場站配合公共自行車建置或提供相關自行車租賃資訊	✓	✓	✓
	規劃行銷與宣傳工作	打造國際化自行車路線及特色旅遊活動	✓		
綠色運輸工具的串聯銜接	規劃完善的兩鐵班次及訂票系統，並朝友善化、親民化、簡單化目標邁進	改善兩鐵系統及設備	✓		
	輔導客運業者於行李廂提供自行車停放空間配合搭載自行車	鼓勵客運業者汰換新車時打造審驗合格之自行車專用巴士		✓	✓
	規劃入境旅客完善的大眾運輸接駁方式，並輔導相關業者配合辦理	研議松山、臺中、高雄國際機場及桃園國際機場出入境旅客攜帶自行車轉乘及相關資訊優化	✓		
企業投入與自行車未來產業的發展	倡導以人為本的交通、宜居慢行城市	研議自行車道路實務融入都市設計規範與宣導	✓	✓	✓
	持續檢討電動（輔助）自行車種類定位	持續接軌國際，檢討電動（輔助）自行車種類定位		✓	✓

重要議題	發展策略	推動措施	推動措施執行年期		
			2020~2022	2023~2025	2026~2029
	宣導及輔導電動（輔助）自行車業者應提供合格的電動（輔助）自行車，保障消費者權益及騎乘安全	宣導及輔導電動（輔助）自行車業者應提供合格的電動自行車		✓	✓
	推動自行車載人合法化	推動自行車附載人合法化等各項配套作業	✓		
	鼓勵企業合作推動騎乘自行車及建置友善自行車環境	鼓勵企業合作推動自行車騎乘及建置友善騎乘環境		✓	✓

陸、智慧海空港服務產業

重要議題	發展策略	推動措施	推動措施執行年期		
			2020~2022	2023~2025	2026~2029
海空港資通訊基礎設施需持續積極強化提升	完善智慧海空港基礎設施，營造優質發展環境	確立智慧海空港發展願景、目標，擬定具前瞻性、整合性之智慧海空港發展計畫	✓		
		建構智慧軟硬體基礎設施，營造優質發展環境	✓		
智慧海空港科技應用及產業發展尚屬起步階段	擴大智慧科技應用，驅動產業創新發展	提供新創／科技產業與服務試驗場域，發展概念性驗證案（POC）	✓		
		導入智慧科技，提升旅客體驗與海空港營運管理效能	✓	✓	✓
		建立智慧海空港產業生態圈	✓	✓	✓
		促進企業導入新科技，提供海空港優質服務		✓	✓
智慧海空港亟須產業化以提升競爭力	以出口導向推動智慧海空港產業化	調和智慧科技配套措施及行政資源，促成智慧科技應用	✓		
		籌組智慧海空港產業聯盟，促進核心技術及產業國產化、自主化		✓	✓
		透過多元管道媒合商機		✓	✓

柒、智慧物流服務產業

重要議題	發展策略	推動措施	推動措施執行年期		
			2020~2022	2023~2025	2026~2029
如何營造智慧物流發展環境，提升物流便捷服務效能	鏈結海空郵物流產業，擘劃前瞻物流園區，運用AIoT、大數據物流科技，提升整體服務效能	超前部署擘畫推動前瞻物流園區發展計畫		✓	✓
		鏈結海空郵三大園區招商，發揮產業群聚綜效	✓	✓	
		推廣物流科技服務標準化應用，發揮智慧物流綜效	✓	✓	✓
		運用物流數據、資訊技術及設施，提升需求預測、追蹤管理及安全效能	✓	✓	✓
如何順應物流趨勢發展，帶動產業轉型升級	推廣無人化科技與共享平台服務，掌握需求輔導產業善加運用，帶動物流轉型升級	建構無人化科技物流試行場域，示範引領物流科技應用	✓	✓	✓
		推動發展物流服務、資訊共享平台，擴大提升物流收益與效能	✓	✓	✓
		持續推動輔導與獎勵措施，協助產業運用科技轉型升級	✓	✓	✓
物流產業導入新科技，面臨法規調和與人才培育新挑戰	強化物流產學合作，培育多元物流人才，整合資源建立法規調適平台	推動產學合作人才培育，全面提升物流人才專業與量能	✓		
		推動跨部會智慧物流之法規調適工作小組	✓		

捌、無人機科技產業

重要議題	發展策略	推動措施	推動措施執行年期		
			2020~2022	2023~2025	2026~2029
緊密結合國內無人機之應用需求與廠商技術發展	推動無人機多元應用服務測試	推動無人機整合示範計畫	✓	✓	
		推動無人機防制	✓	✓	✓
	投入無人機關鍵技術研發	推動無人機沙盒驗證計畫	✓	✓	✓
	補助無人機基礎技術研究	補助學界無人機相關科學基礎研究	✓		
	推動無人機空中交通管理	發展無人機追蹤識別技術及空中交通管理規則	✓	✓	
	建立無人機測試場域	規劃與建置無人機測試場域	✓	✓	✓
	加速導入無人機於公務應用	推動整合示範計畫(IPP)、汰換中國製無人機	✓	✓	
	籌組U-Team	建立跨部會合作機制籌組U-Team	✓	✓	✓
	規劃無人機創新應用營運服務體系	規劃無人機營運、服務、權責、保險、資訊安全	✓	✓	
	強化國際行銷	辦理國內外研討會與展覽	✓	✓	
加速國內相關管理制度訂定及人才培育作業	法規與管理方式調和	法規與管理方式調和	✓	✓	
		辦理無人機檢驗	✓	✓	✓
	培育無人機研發及管理人才	研擬無人機課程與教材	✓	✓	✓
		舉辦無人機應用創意競賽	✓		
	社會溝通與民眾宣傳	無人機相關法令宣導、舉辦無人機應用創意競賽	✓	✓	

玖、交通大數據科技產業

重要議題	發展策略	推動措施	推動措施執行年期		
			2020~2022	2023~2025	2026~2029
數據基礎建設－資源共融共享	推動交通大數據基礎建設與服務，邁向智慧生活願景	打造資料流通服務平台，擴大資料涵蓋面，邁向五星資料服務	✓	✓	✓
	建立完善數據流通管理機制，健全數據管理環境與流通規範	成立交通大數據專責單位，持續精進數據流通服務規範		✓	✓
數據產業發展－創造永續價值	構建交通資料市集，活絡交通數據產業	建立交通大數據資料交易市集，加速交通數據產業發展	✓	✓	✓
	強化人才培育，創造數據經濟價值	完備數據技術人才培育環境，提升數據經濟產值	✓	✓	✓
數據治理實踐－優質治理效能	強化數據治理服務導向，打造智慧政府	建立數位治理之智慧政府，打造交通行動服務新典範	✓	✓	✓
		跨業整合行銷及加值應用，實踐公民參與	✓	✓	✓

拾、5G智慧交通實驗場域

重要議題	發展策略	推動措施	推動措施執行年期		
			2020~2022	2023~2025	2026~2029
促進跨域合作打造新世代交通服務與基礎建設	建構實證場域淬鍊新興交通科技應用，打造臺灣自主解決方案	建構實證場域淬鍊新興交通科技應用交流平台	✓	✓	✓
	結合生活場域實證，展現世界同步的智慧交通科技與服務	結合生活場域與世界同步，實證展現智慧交通科技與服務	✓	✓	
	建立實驗平台與輔導機制，強化技術與應用驗證，加速交通產業升級	建立實驗平台與輔導機制，強化技術與應用服務範圍	✓	✓	
推動新興交通產業標準與應用驗證機制	訂定認驗證機制，提供法令諮詢及協助	訂定認驗證機制，提供法令諮詢及協助	✓	✓	✓
研擬交通科技與新興服務之實驗場域適用法規	研擬服務規範，排除法規障礙，營造新興服務實證友善環境	研擬服務規範，排除法規障礙	✓	✓	✓
推動跨領域合作共創產業價值鏈以擴大產業效益	挖掘在地需求，透過公私協作及公民共創機制	營造公私協作及公民共創機制	✓	✓	✓
	加速串聯新興交通科技產業鏈形成，發展本土智慧交通產業價值鏈，進一步與國際接軌	加速串聯新興交通科技產業鏈形成，發展本土智慧交通產業價值鏈	✓	✓	✓

拾壹、海空港綠能關聯產業

重要議題	發展策略	推動措施	推動措施執行年期		
			2020~2022	2023~2025	2026~2029
完善綠能產業推動之相關海事法規，保障船舶航行安全	為健全風場航道管理機制，兼顧政府能源發展與船舶航行安全，研訂船舶行經彰化風場航道之航行指南	劃設彰化風場航道並訂定航行指南	✓		
		建置離岸風場航道之船舶交通服務中心（VTS）	✓	✓	
善用港埠資源，兼顧海運與離岸風電產業發展	規劃建置組裝重件碼頭，並規劃設置水下基礎、電纜、國產化製造、人才培育等相關用地	於臺中港提供#2、#5A、#5B、#36及#106，共五重件碼頭	✓	✓	✓
推動港口發展綠能關聯產業基地，打造風電生產製造供應鏈聚落		規劃臺中港工業專業區（II）及臺北港南碼頭區做為「離岸風電國產化專區」	✓	✓	✓
落實人才在地化，推行離岸風電產業人員培育		於二〇一八年與離岸風電產業相關公司共同合資成立「臺灣風能訓練公司」（TIWTC），在臺中港設置風電訓練中心	✓	✓	✓
離岸風電運維模式及基地規劃	配合風場位置於鄰近港口，規劃設置運維中心、倉儲物流中心，以利風場運維	由港務公司百分之百投資之子公司（港勤公司）於臺中港工作船渠及淺水船渠提供運維基地	✓	✓	✓
探討未來浮式風機發展之可行性	蒐整浮式風機資訊，評估未來發展	召開交通科技產業會報「海空港綠能關聯產業小組」諮詢委員會議與蒐整風場開發商需求	✓	✓	
提升能源使用效率，減少溫室氣體排放量	建構低碳綠能機場，提升我國綠色形象	積極建置充電設備並提供充電補助	✓		
		評估採購再生能源，及導入儲能設備搭配智慧電網整合技術		✓	✓

拾貳、氣象產業

重要議題	發展策略	推動措施	推動措施執行年期		
			2020~2022	2023~2025	2026~2029
建構溝通管道，促進公私協力及供需連結	推動成立「臺灣氣候服務聯盟」，透過聯盟網絡，搭建國內產官、學、研、金之溝通橋梁	成立「臺灣氣候服務聯盟」，連結我國氣象產業價值鏈中之供給與需求	✓		
		舉辦「臺灣氣象產業論壇」，建立氣象產業相關對話平台	✓	✓	✓
	調查國際氣象產業運作情形、評估我國氣象產業供需，建立我國氣象產業鏈	調查國外（如歐、美、日、韓等國家）氣象產業發展及運作模式	✓		
		盤點我國氣象產業鏈供應者服務量能	✓		
		分析我國氣象服務需求及氣象發展空間，建立產業鏈連結	✓	✓	
強化資料服務，精進測報科技並拓展氣象跨領域應用	促進跨域應用合作	盤點氣象產業對氣象資料及產品之需求	✓		
		研議調整氣象資料及產品之供應收費原則	✓		
		推動氣象資料品質認證機制	✓	✓	✓
	建立適當的資料交換與傳播管道	建立資訊及資料交流平台		✓	✓
		建立資料交換標準	✓	✓	✓
	提供適足的資料給相關應用領域	提升國人對氣象科學與氣象資料應用加值的理解與認知	✓	✓	✓
		辦理促進跨領域氣象資訊加值應用之交流及研討論壇	✓	✓	✓
		因應氣候變遷，協助公、私部門進行跨領域的衝擊評估、弱點識別、風險評鑑及調適方案等氣候應用服務		✓	✓

重要議題	發展策略	推動措施	推動措施執行年期		
			2020~2022	2023~2025	2026~2029
調修法規政策，營造氣象產業發展的有利環境	研擬修訂氣象相關法規	研修「氣象法」，納入促進氣象產業發展相關條例	✓	✓	
		研修「從事氣象海象預報業務許可」相關辦法，增加民間參與產業服務的量能	✓	✓	
		研擬修訂中央氣象局規費收費標準，降低獲得氣象測報資訊的門檻	✓	✓	
	拓展氣象產業發展機會	提供政策、合約、技術、合作、獎助等協助方式，增加產業鏈從業人員就業機會	✓	✓	✓
		舉辦產業交流博覽會，擴大產業互動與合作	✓	✓	✓
	培養氣象實務能力人才	協助大學院校加強氣象預報與應用課程及實務訓練，配合辦理預報員證照審核與資格取得，培養更多氣象預報和應用專業人才	✓	✓	✓

科技特派員

林佳龍與十二位企業CEO的關鍵對話，前瞻台灣產業新未來

出版策畫／財團法人大肚山產業創新基金會
地址：401 台中市東區三賢街166號1樓
電話：+886-4-2222-0620　傳真：+886-4-2222-6018
服務信箱：mt.dadu1222@dadu-iif.com
內容提供／財團法人台灣智庫
https://www.taiwanthinktank.org/
鑫傳國際多媒體科技股份有限公司
https://st-media.com.tw/
電子時報（DIGITIMES）
https://www.digitimes.com.tw/
製作發行／秀威資訊科技股份有限公司
地址：114 台北市內湖區瑞光路76巷65號1樓
電話：+886-2-2796-3638　傳真：+886-2-2796-1377
團購：行銷設計部 ext.120
服務信箱：marketing@showwe.tw
經　　銷／聯合發行股份有限公司
地址：231新北市新店區寶橋路235巷6弄6號4F
電話：+886-2-2917-8022　傳真：+886-2-2915-6275
執行編輯／洪聖翔
圖文排版／楊家齊
封面設計／王嵩賀
法律顧問／毛國樑　律師

初版 1 刷／2022年2月
初版16刷／2023年8月
定　　價／NTD 450元
I S B N／978-626-95789-0-0

國家圖書館出版品預行編目

科技特派員：林佳龍與十二位企業CEO的關鍵對話, 前瞻臺灣產業新未來 / 財團法人大肚山產業創新基金會策劃.編著. -- 臺中市：財團法人大肚山產業創新基金會, 2022.02

面；　公分

ISBN 978-626-95789-0-0

1. CST: 科技業　2. CST: 企業經營　3. CST: 產業發展　4. CST: 臺灣

484　　　　111001749